自社の技術で始めよう！

中小・中堅建設業 新分野進出マニュアル

― 公的支援制度のフル活用法 ―

編著 │ 高木　元也　独立行政法人　産業安全研究所　主任研究官
　　 │ 工藤　南海夫　中小企業診断士・建設業経営支援アドバイザー

大成出版社

深耕のすすめ

　建設市場の縮小はまだまだ進むとみられている。本年度の建設投資（新設や更新）は、ピーク（1992年度）より4割減、ちょうど20年前の水準にまで低下した。とくに公共工事の減少が著しい。一方で建築物などの維持、修繕工事が伸びており、最近では建設市場の3割を超える程度になって存在感を一段と増している。建設市場は縮小しながらその中身を大きく変えてきているのだ。

　建設投資規模でほぼ等しい20年前にくらべて、建設業許可業者数は3万3千（6.5％）の増加、建設業就業者数は45万人（8.5％）の増加で、供給過剰は深刻である。この20年間におけるITの浸透などハード、ソフト両面にわたる技術進歩を考慮すれば、供給過剰の深刻さはここに示された数字をはるかに超える大きさであるはずだ。

　経営者の目に建設市場の将来はどう映っているのだろうか。こうしたマクロ的な状況は頭に入っているとしても、中小・中堅企業の責任者としてみる現実のマーケットの将来は、さらに先がみえない頼れない深刻なものであろう。公共工事で支えられてきた地方の建設市場では、これまでの延長線上に市場自体がもはや存在しえない。多くの経営者は何らかの行動が必要だと感じているのは間違いない。走り出した会社も多いが、模索中の社長はさらに多い。

　大まかにいって新設・更新50兆円、維持・補修25兆円合計75兆円という建設市場は、決して小さくない。いうまでもなく巨大市場である。しかも道路、鉄道、ダム、上下水道などの社会資本から住宅、オフィスビル、商業施設、工場など膨大な建設物ストックが日々稼働している。喫緊の問題となった地球環境保全や少子高齢化社会の到来、これらの問題をこの巨大ストックは受け止められるのか。問題が大きければ需要も大きいはずである。

　本書がいう深耕とは新しい需要を掘り当てることだ。おそらく掘れば掘る

ほど、次から次へと新しい鉱脈が見つかるだろう。幸いここで扱っている建設業の新分野進出は、現在、国、地方公共団体の政策テーマとして重く扱われ、支援策がたいへん充実している。本書の意図も、これらの支援策をもっと上手に使ってほしいというところにある。本書をうまく使って会社の持続的発展を確かなものにしていただきたい。

　編著者の高木元也氏とは、かつて㈶建設経済研究所で一緒に内外価格差の解明、地方建設業の経営改善策、各国の入札制度などさまざまな課題に取り組んできた。現在は独立行政法人産業安全研究所でさらに広い分野を相手に活躍中である。この分野でも第一人者としての実績があり本書の完成を喜びたい。

　　平成17年8月

六 波 羅　　昭
㈶建設業情報管理センター理事長

はじめに

　建設市場が縮小し熾烈な競争が繰り広げられる中、新分野進出に活路を見出す中小・中堅建設業者が増えつつある。中小・中堅建設業者の新分野進出は今に始まったわけではなく、以前から、地域ニーズを取り込み、採石業、産業廃棄物処理業等様々な分野に進出してきた。

　しかし、競争激化に伴い体力が消耗する中、多くの業者にとって、新分野進出の芽を見つけたり、アイデアを育てたり、新商品の開発や販路の開拓を行ったりすることは、容易なことではない。

　そこで、新分野進出を目指す業者は、新分野進出を後押しする公的支援制度を積極的に活用し、効果的・効率的に事業を進めていくことが重要な経営戦略となる。

　現在、建設業の構造的不況に対し国をあげて支援が行われている。国土交通省、厚生労働省、経済産業省、農林水産省、環境省等は横断的連携により建設業の新分野進出を支援し、各種公的支援制度も年々拡充してきている。地方自治体においても同様の傾向であり、これら公的支援制度を有効に活用することによりビジネスチャンスが広がっていく。

　本書は、新分野進出に活路を見出すことに意欲をもつ中小・中堅建設業者を対象に、自社の技術を活かすことができる今後の有望分野について市場規模、関連公的施策、先進事例等を交え紹介しつつ、新分野進出の芽を見つけることから事業化に至るまで、公的支援制度の活用を中心に8つのステップで解説していく。

　本書を参考に、新分野進出を経営計画の柱に据える中小・中堅建設業者がでてくれれば幸いである。

平成17年8月

高　木　元　也

中小・中堅建設業 新分野進出マニュアル 目次

深耕のすすめ
はじめに
本書の構成とポイント
中小・中堅建設業の経営革新・新分野進出支援の実態とポイント

● ● ● **Step1　新分野進出の芽を見つけよう！** ……………………13
　1－1　リフォーム市場を深耕しよう ……………………………15
　　1．耐震リフォーム ……………………………………………17
　　2．高齢者対応リフォーム ……………………………………23
　　3．健康住宅対応リフォーム …………………………………29
　　4．省エネ対応リフォーム ……………………………………32
　　5．土木のリフォーム …………………………………………34
　1－2　環境分野を深耕しよう ……………………………………39
　　1．リサイクル …………………………………………………42
　　2．土壌汚染対策 ………………………………………………57
　　3．エネルギー …………………………………………………67
　　4．都市緑化 ……………………………………………………78
　　5．河川の環境保全 ……………………………………………81
　　6．自然再生事業 ………………………………………………82
　1－3　景観緑三法の制定による景観ビジネスに注目しよう……86
　1－4　「公の施設」を管理する指定管理者制度をビジネス
　　　　チャンスに ………………………………………………91
　1－5　海外進出に活路を見出す …………………………………93

● ● ● **Step2　新分野進出を勉強してみよう！** ………………103
　　1．(独)雇用・能力開発機構における新分野進出支援 …104
　　2．中小企業大学校 …………………………………………111
　　3．その他のインターネット情報 …………………………119

● ● ● **Step3　アイデアが浮かんだら相談に行こう** ……………121
　　1．都道府県中小企業担当課 ………………………………122
　　2．都道府県等中小企業支援センター（都道府県等所管）…124

3.	中小企業・ベンチャー総合支援センター(中小企業基盤整備機構)	127
4.	国土交通省等による建設業経営支援アドバイザー制度	129

Step4　技術的な相談はその分野の専門家に……………133
　1．大学………………………………………………………134
　2．公的試験機関……………………………………………135
　3．各種学会…………………………………………………137

Step5　他企業との連携を考える…………………………139
　1．業務提携…………………………………………………140
　2．事業協同組合……………………………………………141
　3．フランチャイズ…………………………………………144

Step6　事業化推進の原動力、コーディネーターの活用…147
　1．他産業の異業種交流……………………………………149
　2．コーディネーターの活用………………………………150

Step7　ビジネスプランを練る……………………………151
　1．ビジネスプラン作成のポイント………………………152
　2．事業計画書の記入のポイント…………………………154

Step8　公的支援制度をフルに活用しよう………………163
　8－1　中小企業新事業活動促進法に基づく支援制度の活用…164
　　1．新連携支援……………………………………………165
　　2．経営革新………………………………………………176
　　3．経営革新計画の承認事例……………………………179
　8－2　各種公的支援制度の活用…………………………187
　　1．「J-NET21」で使える助成金を調べてみよう………188
　　2．中小企業支援センターには直接出かけ、詳しい助成金情報を入手しよう…………………………………190
　　3．政府系金融機関からの資金調達等…………………194
　　4．人材関連の公的助成は(独)雇用・能力開発機構に相談してみよう……………………………………………196
　　5．国土交通省、(財)建設業振興基金による支援事業…199

事例掲載企業一覧……………………………………………200

おわりに

本書の構成とポイント

Step1　新分野進出の芽を見つけよう！

　自らの活動地域で地域固有の問題や社会ニーズなどから新分野進出の芽を見つける。本書の主対象分野はリフォームと環境。建設業者に馴染みがあり進出しやすい分野である。

1-1　リフォーム市場を深耕しよう

　今後、市場の拡大が期待され、自社の技術を活かせるリフォーム分野は新分野進出の筆頭。以下のような様々なタイプがある。地域密着型アプローチができる有利さを活かし、ニッチ市場を開拓する。

> リフォーム市場の拡大
> 2005年15兆円
> →2020年19兆円
> 25％の伸び！

1. 耐震リフォーム	4. 省エネ対応リフォーム
2. 高齢者対応リフォーム	5. 土木のリフォーム
3. 健康住宅対応リフォーム	

1-2　環境分野を深耕しよう

　環境対策は建設廃材のリサイクル等、建設現場の大きな問題。世界的な問題である地球温暖化対策として省エネルギー化、未利用エネルギー活用の促進。さらには自然環境の保護・再生も重要なテーマ。

> 環境市場の拡大
> 2000年30兆円
> →2020年58兆円
> ほぼ倍増！

　自社に不足する技術は大学、他企業等との連携で補う。

1. リサイクル	4. 都市緑化
2. 土壌汚染対策	5. 河川の環境保全
3. エネルギー	6. 自然再生事業

1-3　景観緑三法の制定による景観ビジネスに注目しよう

　平成16年、景観緑三法が制定され、まちづくりに景観形成、景観保護が欠かせない時代が到来。ビジネスに結びつけるには地域の自治体の動向に注目。

1-4　「公の施設」を管理する指定管理者制度をビジネスチャンスに

　平成15年、地方自治法一部改正に伴い、民間事業者が公共施設の維持管理を行うことが可能になった。これまでの仕組みが大きく変わり、公共建物の維持管理の受注戦略の見直しが必要に。新規参入を狙う業者はビジネスチャンスが広がる。

1-5　海外進出に活路を見出す

　中小・中堅建設業者の海外進出が見受けられるようになった。パターンは2つ。1つは安価な資材・労働力を求め海外に生産拠点を構築。もう1つは得意な建設技術をもってアジア諸国の建設工事受注を目論む。

Step2　新分野進出を勉強してみよう！

新分野進出の芽を見つけたら、本格的にその分野の勉強を始めよう。勉強には、新分野進出を支援する公的機関を活用することが効果的。ここでは、**雇用・能力開発機構、中小企業大学校等**の支援メニューを紹介する。

Step3　アイデアが浮かんだら相談に行こう

新分野進出のアイデアが固まってきたら、事業化に向け公的支援機関に相談してみる。そこでは、中小企業診断士、公認会計士、技術コンサルタント等、専門家集団が対応してくれる。各都道府県にある**中小企業支援センター、都道府県（中小企業担当課）、中小企業・ベンチャー総合支援センター、国土交通省**の相談体制等を見てみよう。

Step4　技術的な相談はその分野の専門家に

新分野進出のため新技術開発、新商品開発が必要になり、自社だけでは限界がある場合、**大学、都道府県工業試験場、学会**等に技術指導を受けに行こう。まずは相談から始め、話が進めば共同研究開発の道もでてくる。

Step5　他企業との連携を考える

中小・中堅建設業者の新分野進出では、自社に不足する技術・ノウハウを、他企業との連携で補うことも重要な戦略。ここでは連携の3つのパターン、①**業務提携**方式、②**事業協同組合**結成、③**フランチャイズ**方式を見ていく。

Step6　事業化推進の原動力、コーディネーターの活用

事業化を強く推進するには、強いリーダーシップをもつコーディネーター（事業推進役）が不可欠。社内に適任者がいない場合、社外に人材を求める。

Step7　ビジネスプランを練る

目指す新分野が決まったらビジネスプランを具体的に練る。公的支援制度を活用するには申請時にビジネスプランの書類審査を受けるケースもある。第三者に内容が理解できるよう、わかりやすく説得性のあるビジネスプランを作ることが肝要。

Step8　公的支援制度をフルに活用しよう

8-1　中小企業新事業活動促進法に基づく支援制度の活用

平成17年4月に制定された中小企業新事業活動促進法に基づき公的支援制度が拡充。目玉は「新連携」と「経営革新」。まずは公的認定を受けることから始まる。

8-2　各種公的支援制度の活用

国、地方自治体、公益法人等では新分野進出のための公的支援制度を豊富に取りそろえている。ここでは、**J-NET21**による公的助成金検索、**中小企業支援センター**の支援制度、政府系金融機関（**中小公庫、国民公庫、商工中金**）の融資制度、**厚生労働省**の人材確保・育成に関わる助成金、**国土交通省等**の支援事業等を紹介する。

中小・中堅建設業の経営革新・新分野進出支援の実態とポイント

中小企業診断士　工藤南海夫

　ここ2、3年、中小・中堅建設業者の経営革新の依頼が多くなった。経営革新は支援先に中長期的な発想、戦略がなくては、経営計画の作成プロセス、実施プロセスをコントロールしにくい。

　製造業では中長期経営計画を作成することは普及しているが、公共工事を主体とする建設業では、発注者の単年度予算制度に基づく年度単位での計画が中心であり、中長期の計画の立案が上手くいくのであろうかという感じを抱いていた。

　しかし、実際には、製造業での経営革新支援プロセスを少し変えた指導方法で技術的には難しくないような感触を得ている。もちろん、個別具体の支援方法は千差万別である。

　これまでに、私が携わった中小・中堅建設業者に対する経営革新・新分野進出支援の事例を基に、支援プロセスの概略を述べてみたい。

支援プロセスその1：まずは、社長の話をじっくり聞く

　支援依頼先と接触する最初の段階で一番気をつけていることは、予め建設業界の特性等はつかんでおくが、数字（業績）の話は出さないようにしている。つまり、財務診断が最初ではないということである。

　現場を一通り見せてもらい、時間の許す限り社長の話を聞くことにしている。社長がどのようなことが得意なのかを様々な質問を交え把握していく。

　今振り返ると、経営革新について明るい展望を見出した社長は、この段階で結構時間をとってくれている。最長で朝10時から夜中の1時までという事例もある。これをしっかりやっておくと後のプロセスが楽になる。

支援プロセスその2：社長に将来の事業展望を語ってもらう

　次に、社長がそれぞれの事業をどのように考えているのか、今後5年間の販売計画見通しを用意してもらい具体的に話を聞く。この目的は中長期的な

視点で経営戦略を構築するためである。
① 自社の事業のカテゴリーをどのように決めているか
② それぞれのカテゴリーにおける現在の売上げはどのようになっているか
③ 一つ一つの事業について、今後の事業見通しをどのように考えているのか。また、その根拠は
④ 5年後、会社全体の売上げについてどのような見通しを持っているのか。また、社長自身どのようにしたいのかを話してもらう。

支援プロセスその3：今後5年間の販売計画を立案する

　前のプロセスで得たものをベースに、今後5年間の販売計画の概略案を準備する。また、それぞれの事業に対し、その市場の発展性、競合者の動向等について情報収集を行う。
　情報収集はインターネットでもある程度は可能であるが、最終的な詰めは国会図書館で行うことが多い。このプロセスで、支援依頼先の中長期経営革新計画の素案を作成する。後は、その信頼性、有効性をどのように確保していくかである。

支援プロセスその4：経営課題を整理する

　社長をはじめ各事業担当者を交え、準備した今後5年間の販売計画案を基に、一つ一つ技術レベルと管理レベルについて話し合いしながら課題を整理していく。ホワイトボードとプロジェクターを使うことが多いが、担当の違う参加者にも意見を聞きやすく重宝している。

① 販売計画
② 業務フロー
　（ここで技術レベル、管理レベルが整理される）
③ 要員計画
④ 設備計画

　ワイワイガヤガヤまとめていく。まだ、この段階では財務諸表レベルの数字は扱わない。現場は数字で動いているわけではない。あくまで実務レベルで検討していく。

支援プロセスその5：財務諸表に目を向ける

　この段階で、初めて財務諸表を見せてもらう。3期分の決算書を経営革新計画素案にある利益計画に入れ込み、経営の実態を理解しやすいようにする。また、今年の売上げ、利益等の見通しも入れ込む。このような作業を行うと、大抵のケースは既存事業だけでは売上げが足りなくなる見通しが立つ。
　それを埋め、さらに経営基盤を強化するために必要なのが新規事業の発掘である。新規事業を立ち上げ収益事業にするための戦略を話し合う。この市場は需要が見込めそうだからここで新規事業を始めようか…この程度では、成功するはずもなく、担当者を挫折させるだけに終わってしまう。このような事例は数多くある。また、支援依頼先も似たような経験を持っている場合が多い。

支援プロセスその6：新規事業を柱とした経営革新計画を立案する

　今後5年間の販売計画案の修正を重ね、企業会計データベース（ベンチマーキングのため）等を使って利益計画を固める。その内容を以下に示す。

① まず、付加価値額は3年で12パーセント、5年で25パーセント増程度を狙い作成する
② 既存事業と新規事業に対する取組みが分かるようにSWOT表（自社の強み弱みを明らかにし経営戦略を立てるために用いる表）を準備する
③ 販売計画作成
④ 要員計画作成
⑤ 設備投資計画作成
⑥ 利益計画作成（営業キャッシュフロー含む）

　これらを基に中長期の経営革新計画書を仕上げる。疑問点があったら、その都度打ち合わせを行う。この段階で支援依頼先の実情が把握できるようになる。

支援プロセスその7：経営課題を解決し実施計画を策定する

　作成した経営革新計画書を基に、それぞれの事業が5年後のレベルに達するにはどのような方策が必要かについて、信頼性と有効性を確保するために

演繹的なアプローチで実施計画書を作る。同時に管理体制を考える。このプロセスで支援依頼先の組織力が把握できる。
① 事業全体について革新と保守のバランスのとり方、特に、キャッシュフローのバランスが重要なポイントになる。
② 支援依頼先の情報化を検討する。新規事業はビジネスモデルの構築から検討を始めるので情報化を組み入れた方が効果的である。経営者にその必要性を納得してもらうことに手を抜いてはならない。決して担当者任せにしないことである。

支援プロセスその8：実施段階では、社員の意識改革に主眼を置く

作成した経営革新計画を都道府県に申請して認可を受ける。このことにより、公的助成が活用しやすくなる。

あとは月一回の進捗管理と検討会を実施し続ける。ここでの議論の積み重ねは重要である。大切なのは5年後の販売計画を見据えて、今何をやらなければならないかという発想を持つことである。しかし、建設会社の社員がこのような発想を持つことは難しい。単年度予算に基づき発注される工事をどのように受注していくか、どうすればより多くの利益を確保できるかという発想しか持たない社員の意識改革は難しい。絶対に変えていくという覚悟で進めることが重要である。意識を変えるには時間と共有の体験が重要になる。

まとめ：これからの経営革新支援のポイント

このような支援プロセスで重要なことは、経営とは何かにこだわらず、支援依頼先の置かれた状況に柔軟に対応していくことである。創造性は裾野の広い知見と経験がベースにないと十分に発揮できない。一昔前、支援とは、その方法を知っている人が知らない人に教えることであったが、そのような時代は終わった。

今の時代、支援とは、その方法を知っている人が、それを道具として、支援を求める人のニーズに応じた手伝いをすることである。支援とは言い換えれば「フォローつきのアドバイス」であると思っている。

本書ご利用にあたってのお願い

本書では、読者の皆様に関連するより多くの情報提供等を行うことや、図表等の出所先を明確にすることなどを目的に、該当箇所にHPアドレスを掲載していますが、これらは平成17年7月末時点のものであり、今後当該機関によりアドレスまたは掲載内容の変更等が行われる場合があることにご留意願います。

Step1
新分野進出の芽を見つけよう！

　ビジネスチャンスのある有望な新分野の芽を見つけるためには、これまでに、自社で培ってきた技術力、組織力、営業力や、自社の人材を有効活用できるかを見極めた上で、社会ニーズが高く市場の成長が見込めるものや、自らの活動地域での固有の問題を解決するという視点で探し出していく。

　環境分野に代表される規制に伴うビジネスは有望である。今後も、新たな規制や公的支援措置はビジネスチャンスにつながる。

　また、視点を変え、日々の営業活動や、建設現場での施工の中に、有望な新分野のヒントが隠れていることもある。社員の得意とする技術（ＩＴ、画像処理等）、自社の遊休地等、自社が保有する経営資源の有効活用の観点から新分野を見出すケースもある。

Points

- ○これまでに自社で培ってきた技術力、営業力等を見極める
- ○社会ニーズが高く市場の成長が見込まれる分野を探す
- ○新たな規制はビジネスチャンスにつながる
- ○社員の得意分野、遊休地等、自社の経営資源の有効活用を考える

中小・中堅建設業者にとって今後有望な新分野を以下に例示する。

中小・中堅建設業者にとって今後有望な新分野（例）

◆リフォーム分野
主たるターゲットは住宅と土木のストックビジネス
1. 耐震対応（戸建住宅耐震基礎等）
2. 高齢者対応（高齢者向けバリアフリー、オール電化住宅等）
3. 健康住宅対応（シックハウス対策等（壁材開発等））
4. 省エネ対応（太陽光発電、高気密断熱改修、外断熱改修等）
5. 土木のリフォーム

◆環境分野
20年後には市場規模が約58兆円と今の2倍に
1. リサイクル（（　）内は商品例）
   a．間伐材（土留材、道路施設用製品、ログハウス、工事用看板、型枠材、外壁材）
   b．廃石膏ボード（土壌改良材、景観型雑草抑制材）
   c．廃ガラス（細骨材として舗装ブロックに混入）
   d．廃塩ビ管（塩ビ管の原料）
   e．プラスチック
   f．その他　生ゴミ、廃タイヤ等
2. 土壌汚染対策（処理プラントの建設、土壌汚染調査等）
3. エネルギー（自然未利用エネルギー、ESCO事業等）
4. 都市緑化（屋上緑化等）
5. 河川の環境保全（多自然型護岸工法の開発（ポーラスコンクリート）等）
6. 自然再生事業（再生協議会への参画等）

◆景観整備
景観緑三法制定による新しいビジネス発掘

◆指定管理者制度
新たに始まる「公の施設」の民間による管理。その市場を真っ先に開拓

◆海外進出
中小建設業者でも始まった海外建設市場の開拓、海外生産拠点構築

1-1 リフォーム市場を深耕しよう

今後、成長が期待されている新分野の筆頭はリフォームである。

わが国の建築ストック（住宅、非住宅）は、固定資産の価格等の概要調書（平成12年度）によると、床面積で約74億㎡、棟数では約6,000万棟にものぼり、これらの建築ストックのリフォーム需要は膨大なものとなる。

●●● リフォーム市場規模 ●●●

リフォーム市場の市場規模予測をみると、㈶建設経済研究所によれば、建築物全体（住宅・非住宅）の維持修繕工事は、2005年度は約15兆円だったものが15年後の2020年には18.5～18.7兆円と23～25％増加するとしている。

維持補修市場（住宅・非住宅）

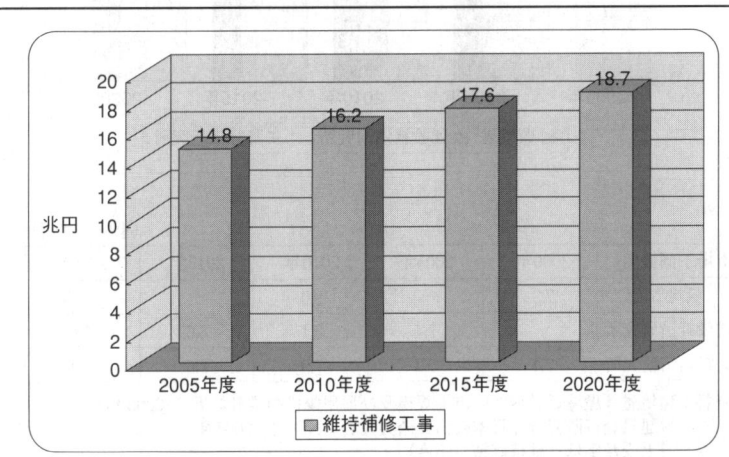

（単位：兆円）

市場予測機関	2005年度	2010年度	2015年度	2020年度
㈶建設経済研究所	14.8	16.2	17.6	18.5～18.7

維持補修工事：機能の劣化速度を弱める工事、劣化した機能を竣工レベルまで回復させる工事、竣工時を上回るレベルに機能を高める、あるいは付加する工事
　　　　例：日常的な修繕工事　外装再塗装、空調衛生設備修繕工事、バリアフリー化、省エネルギー化、耐震補強など

資料：㈶建設経済研究所「日本経済と公共投資」No.43（2004年）より作成

●●● 住宅リフォームの市場規模 ●●●

住宅に限ってみてみると、複数の機関から市場予測が発表されているが、リフォーム市場規模は、2000～2005年は、毎年約7兆円規模だったものが、2020年には9～11兆円と最大40％超の高い成長が予測されている。

住宅リフォーム市場

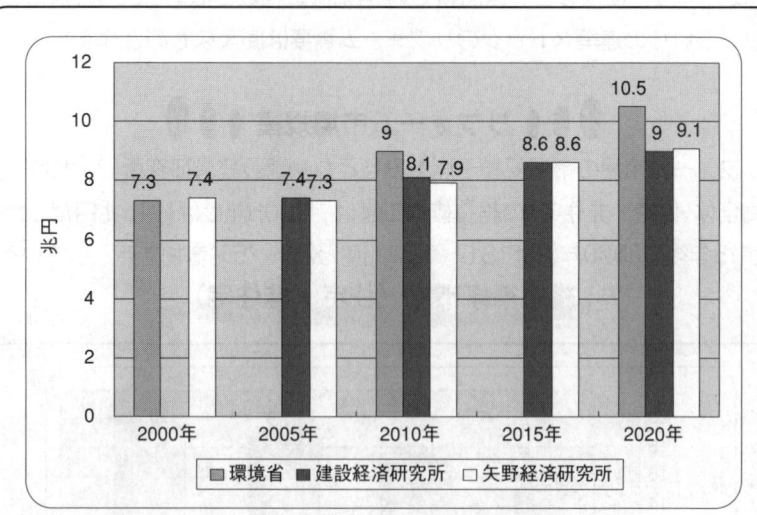

(単位：兆円)

市場予測機関	2000年	2005年	2010年	2015年	2020年
環境省	7.3	—	9.0	—	10.5
建設経済研究所	—	7.4	8.1	8.6	9.0
矢野経済研究所	7.4	7.3	7.9	8.6	9.1

資料：環境省「環境ビジネスの市場規模及び雇用規模の推計結果」(2003年)
　　　(財)建設経済研究所「日本経済と公共投資」NO.43 (2004年)
　　　→上表数字は「維持修繕(年度)」
　　　㈱矢野経済研究所「プレスリリース2004年版住宅リフォーム市場の展望と戦略」(2004年) より作成

一方、建築時期別住宅ストックの実態は、厚生労働省「住宅リフォーム雇用創出サポート事業報告書」(平成16年3月)によると、住宅ストック総数約4,200万戸のうち、20年以上経過した1980年以前の住宅が約半数(49％)を占め、潜在的なリフォーム需要が膨らんでいる。

1. 耐震リフォーム

平成16年度に発生した新潟県中越地震、福岡県西方沖地震による甚大な被害は記憶に新しいところであるが、近い将来、東海、東南海、南海、首都直下型、宮城県沖地震等の大規模地震の発生が予測されており、耐震改修は国民的関心を集めている。

国土交通省の調べによれば、下表のとおり、現状、相当数の住宅・建築物が耐震基準不適合と推計されており、今後、耐震リフォームのニーズの増加が確実視されている。

耐震基準に不適合な建築物の数

	ストック総数	現行耐震基準に不適合な数（推計）
住宅	約4,400万戸	約1,400万戸
住宅以外の建築物	約340万棟	約120万棟

出所：国土交通省ＨＰ　住宅・建築物に係る地震防災対策の概要
http://www.mlit.go.jp/jutakukentiku/build/taishin/taisaku.pdf

●●● 住宅耐震リフォームの市場規模 ●●●

㈶建設経済研究所が行った耐震改修市場規模予測によると、耐震性が十分でない木造戸建住宅1,200万戸、共同住宅200万戸を対象に、潜在的な耐震改修市場規模は約21兆円と試算されている。まさに巨大な市場である。

耐震改修市場規模予測

```
潜在的な耐震改修市場規模　約21兆円
　対象：木造戸建住宅　1,200万戸
　　　　共同住宅　　　　200万戸
              　㈶建設経済研究所の予測
```

平成7年1月に発生した阪神・淡路大震災を契機に、建物の耐震改修を促進させるため「耐震改修促進法（建築物の耐震改修の促進に関する法律）」が施行された。この法律では、特定建築物（多数の者が利用する一定の建築物等）の所有者は耐震診断を行い、必要に応じ耐震改修に努めなければならないことが定められたが、現状、耐震改修の実施状況は遅れている。

建設通信新聞（平成16年10月26日付）

新潟中越地震

復興支援へ作業本格化

学会、団体も対策活動

●●● 重要建築物の耐震改修の遅れ ●●●

　平成15年、国土交通省の調べによると、特定建築物において耐震性が確認されたものは全国で16%にとどまっており、多くの建築物は耐震診断・耐震改修が必要である。

　また、平成14年の内閣府の調べでは、防災上重要な施設（地震防災施設）であっても耐震化率は40〜60%程度と遅れているとし、これらの施設に対し、今後、早急な耐震改修が必要である。

既存建築物の耐震診断・耐震改修の状況

○ 特定建築物の耐震診断・耐震改修の進捗状況

（平成15年3月31日現在）

	公共建築物*1（棟）	民間建築物*2（棟）	計（棟）
対象建築物　A	約　93,300	約　91,600	約　184,900
耐震診断実施　B	約　35,600　38%	約　4,700　5%	約　40,300　22%
要改修と診断　C	19,900　21%	1,800　2%	21,700　12%
耐震改修実施　D	約　7,900　9%	約　800　1%	約　8,700　5%
建替え　E	約　1,100　1%	約　200　0%	約　1,200　1%
除却済み　F	約　900　1%	約　1,100　1%	約　2,000　1%
耐震性が確認されたもの (B−C)＋D＋E 割合：(B-C+E+E)/(A-F)	約　24,700　27%	約　3,800　4%	約　28,500　16%

※1　特定建築物：多数の者が利用する用途で、3階建以上かつ1,000㎡以上の建築物であって、現行の耐震関係規定に適合しない建築物。（耐震改修促進法第2条）
※2　全国の民間特定建築物のうち、所管行政庁が把握している耐震診断・改修の進捗状況を指す。S56年以前に建てられた建築物が対象。

【耐震性が確認された特定建築物の割合（都道府県別）】

北海道	13%	栃木	16%	石川	14%	滋賀	26%	岡山	10%	佐賀	10%
青森	20%	群馬	38%	福井	13%	京都	12%	広島	5%	長崎	7%
岩手	13%	埼玉	24%	山梨	63%	大阪	20%	山口	3%	熊本	16%
宮城	18%	千葉	18%	長野	6%	兵庫	11%	徳島	4%	大分	14%
秋田	6%	東京	50%	岐阜	24%	奈良	3%	香川	6%	宮崎	22%
山形	12%	神奈川	22%	静岡	32%	和歌山	3%	愛媛	6%	鹿児島	27%
福島	21%	新潟	5%	愛知	16%	鳥取	16%	高知	19%	沖縄	8%
茨城	10%	富山	12%	三重	25%	島根	6%	福岡	3%		

出所：国土交通省ＨＰ（大規模地震対策の現状と今後の対策）
http://www.mlit.go.jp/jutakukentiku/build/taishin/04jokyo.pdf

【地震防災施設の現状に関する調査／総括表】

重要な建築物の耐震化		全国平均
	医療機関	56.7%
	社会福祉施設	67.0%
	小中学校等	45.7%
	小中学校等体育館	48.4%
	盲学校等	60.5%
	盲学校等体育館	57.6%
	公的建造物	52.8%

（数値は都道府県の回答を内閣府においてとりまとめ）

出所：平成14年7月調　内閣府ＨＰ（防災情報のページ）
http://www.bousai.go.jp/index.html

●●● 拡充されつつある公的支援制度 ●●●

最近では、耐震改修促進を目的とした、国、地方自治体の支援制度の充実が目立つようになってきている。

＜耐震診断及び耐震改修に係る支援制度の概要 (H16年度以降)＞

(1) 補助制度

	対象	制度概要 (主な要件等)
耐震診断	戸建て住宅 マンション	○公共住宅等供給効率化事業　【H10～】 　地域要件：(住宅マスタープラン等が作成されていること) 　補助率：地方公共団体が実施する場合　国 1/2 　　　　　地方公共団体以外が実施する場合　国 1/3 + 地方公共団体 1/3 　(1団体あたり限度額：90,460 千円)
	事務所等	○市街地再開発事業等 (市街地総合再生計画)　【H7～】 　補助要件：市街地総合再生計画の作成 (変更) 時に行う耐震診断 　補助率：国 1/3
耐震改修 等工事	戸建て住宅等	○住宅市街地総合整備事業 (耐震改修費に対する補助)　【H14～】 　(H15まで密集住宅市街地整備促進事業) 　地域要件：老朽住宅の密集市街地または地震防災対策強化地域等内で、震災 　　　　　時に倒壊により道路閉塞が生じるおそれのある地区 　補助対象：耐震改修工事費 (建替含む) 　補助率　16% (国8%+地方公共団体8%) 　※ 工事費 (限度額 32,600 円/㎡) の 23.9%について、国費で1/3を補助
	マンション 事務所等	○耐震型優良建築物等整備事業　【H7～】 　地域要件：地震防災対策強化地域のDID地区等 (16年度に一部緩和) 　補助対象：調査設計計画費 (10名以上の区分所有建物等に限る) 　補助率　1/3 (国1/6+地方公共団体1/6) 　耐震改修促進法の認定を受けて行う耐震改修工事費 　補助率　13.2% (国6.6%+地方公共団体6.6%) 　※ 工事費 (限度額 47,300 円/㎡) の 39.7%について、国費で1/6を補助

(2) 融資制度

	金融機関	対象	制度概要
耐震改修 工事	日本政策投資銀等政府系金融機関	一般建築物	○既存建築物の耐震改修工事に対する融資 　各種事業で対応 　　ストック・ライフサイクルマネジメント事業 　　特定街区内建築物整備事業　等
	住宅金融公庫	住宅	○耐震改修工事に対する住宅改良融資 　融資限度額　1,000 万円 　金利　　　　基準金利 - (マイナス) 0.2%

(3) 税制

	対象	制度概要
耐震改修 工事	住宅	○住宅ローン減税制度 　住宅に対する一定の耐震改修工事が、住宅ローン減税制度の対象となる。 　(10年間、ローン残高の1%を所得税額から控除)

出所：国土交通省ＨＰ (大規模地震対策の現状と今後の対策)
http://www.mlit.go.jp/jutakukentiku/build/taishin/02shien.pdf

1-1 リフォーム市場を深耕しよう 21

耐震診断・改修支援自治体数

(暫定集計) H15.12.1現在

	住宅								非住宅	
	都道府県事業				市区町村事業 市区町村数)					
	耐震診断		耐震改修		耐震診断		耐震改修		診断	改修
	補助	技術者派遣	補助	融資等	補助	技術者派遣	補助	融資等		
04.宮城県			○		46	46				
05.秋田県				○						
06.山形県				○						
07.福島県			○				1	1		
11.埼玉県					7	7	2	2		
12.千葉県					3	3	3	1	2	
13.東京都					26	25	3	20	8	13	○	○
14.神奈川県					18	18	1	4	2	3		
15.新潟県				○	1	1		1		1		
16.富山県	○									
17.石川県	○						1	1		
19.山梨県		○			11		11			
20.長野県				○	18	18		18	18		
21.岐阜県				○	38	38				
22.静岡県	○		○		73	40	73	74	74		○	○
23.愛知県			○		83	6	83	58	58	3		
24.三重県					46	46				
25.滋賀県	○				31	31					○	○
26.京都府			○		2	2	1	2	2	1		
27.大阪府	○				37	37		1	1		
28.兵庫県	○		○		4	4		2	1	1		
29.奈良県					1	1				
31.鳥取県											○	
32.島根県	○				2	2					○	
33.岡山県	○				10	10						
34.広島県					1	1				
35.山口県												○
39.高知県	○		○		2	2				
	9	1	7	5	510	338	172	193	169	24		

出所：国土交通省ＨＰ （大規模地震対策の現状と今後の対策）
http://www.mlit.go.jp/jutakukentiku/build/taishin/jichitai.pdf

クリック！

☆耐震診断・改修の公的支援制度等の詳細については、(財)日本建築防災協会のHP参照
○全国の耐震診断・改修の相談窓口一覧
　http://www.kenchiku-bosai.or.jp/Soudanmadoguchi/soudanmadoguchi.htm
○耐震診断・改修に対する支援制度一覧
　http://www.kenchiku-bosai.or.jp/jyosei/jyosei.htm

 ## 木造住宅の外部耐震補強工法の開発

㈱シーク建築研究所、神奈川県、資本金1,500万円

　木造住宅の耐震改修は、合板や筋かい壁等の増設のため居住性が損なわれたり、工事中に一時的に引越ししなければならなかったりする場合がある。

　このような課題を解決するため、建物周囲にアルミ合金製又は鋼製のポールを配置した工法を開発。

　外部補強のため、間取り、通風、採光が変わらず、居ながらに施工ができる。

　補強前後の耐震性の評価は、㈶日本建築防災協会の耐震精密診断並びに時刻歴応答解析に基づく。

　工事費が明解。低騒音、低振動で施工。工事期間は実働約10日。

　ポールを建てるという発想の原点はガードレールと松葉杖。

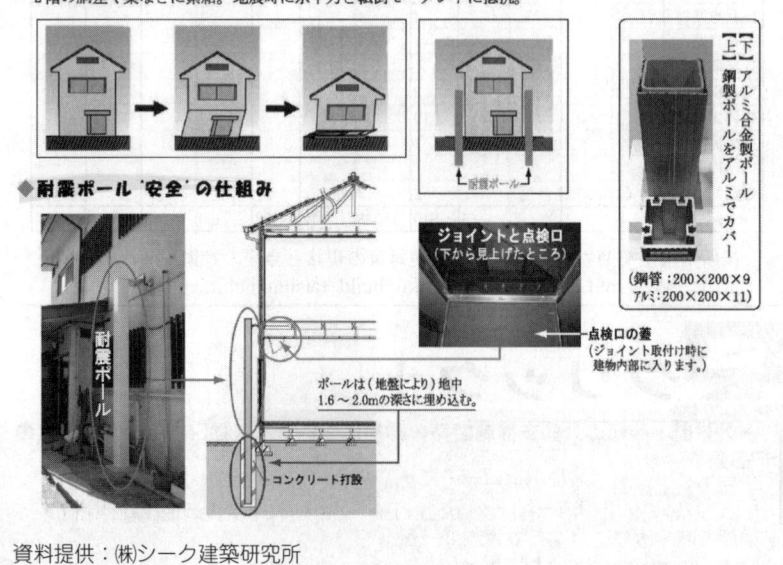

資料提供：㈱シーク建築研究所

2．高齢者対応リフォーム

●●● 2040年には3人に1人が高齢者に ●●●

　わが国の65歳以上の高齢者人口比率は、1980年に約9%であったものが、1990年に約12%、2000年には約17%と、高齢化が急速に進展している。今後も、高齢化率は上昇を続け、2015年には高齢化率が25%を超え4人に1人が高齢者となり、2040年には約3人に1人が高齢者になると予測されている。

　これら急激な市場の成長を背景に、今後高齢者関連ビジネスは右肩上がりを続けていく。

高齢化の推移と将来推計

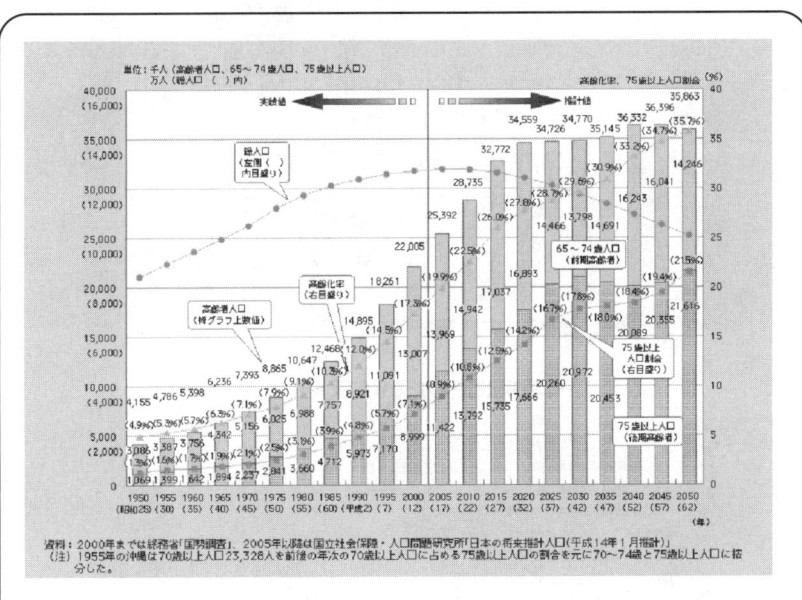

出所：内閣府「平成16年度高齢社会白書」
http://www8.cao.go.jp/kourei/whitepaper/w-2004/zenbun/16index.html

●●● 高齢者を対象とした住宅に関する意識調査 ●●●

　内閣府が行った「高齢者を対象とした住宅に関する意識調査」からは、高齢者の住宅改修の潜在的なニーズが見えてくる。キーワードは、「手すり」、「段差」、「浴槽等の水回り」である。

　現在、高齢者住宅の主な問題点は、「住まいが古くなりいたんでいる」、「構造や造りが高齢者には使いにくい」、「台所、便所、浴室などの設備が使いにくい」が上位にきている。
　将来の住宅改造については、「手すりを設置したい」（20.9％）、「住宅内の床の段差をなくしたい」（19.6％）、「浴槽を入りやすいものに取り替えたい」（11.0％）、「浴室に暖房装置をつけたい」（8.6％）、「玄関から道路までの段差を解消したい」（8.4％）が上位にあげられている。

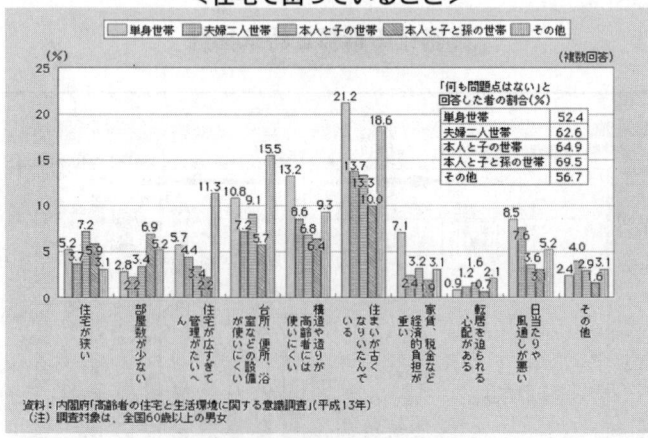
＜住宅で困っていること＞

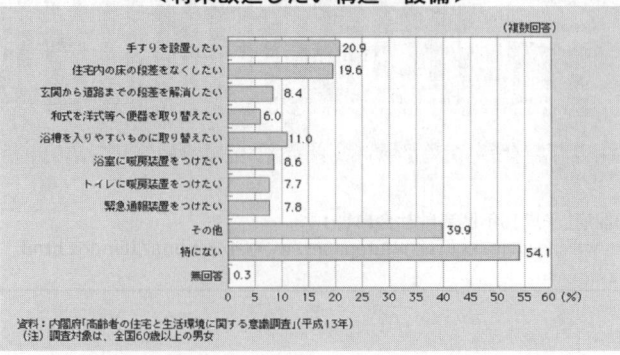
＜将来改造したい構造・設備＞

出所：内閣府「平成16年度高齢社会白書」

●●● 高齢者居住法に基づく公的支援 ●●●

平成13年に施行された高齢者居住法により、高齢者向けの賃貸住宅の整備、住宅バリアフリーの支援等が行われるようになり、今後、高齢者住宅リフォームの市場の伸びを後押しする。

高齢者居住法（高齢者の居住の安定確保に関する法律）は、次の柱からなる。

① 高齢者向け優良賃貸住宅の供給の促進

　事業者を対象に、新築・リフォーム工事に対する補助、家賃補助、住宅金融公庫の融資拡大、税制上の優遇措置等の支援

② 高齢者が安心して暮らせる賃貸住宅市場の整備

「3つの制度」
1) 円滑入居賃貸住宅登録制度（高齢者の入居を拒まない賃貸住宅の登録制度）
2) 家賃債務保証制度（高齢者居住支援センターによる保証）
3) 終身建物賃貸借制度（借家人が一生涯住み続けることが可能）

③ 高齢者住宅のバリアフリーの支援

「死亡時一括償還型融資制度の創設」
・バリアフリーリフォームの資金調達方法として、不動産を担保に、死亡時に元金を一括償還することで、生存中は利払いのみという制度

＜高齢者向け優良賃貸住宅制度＞

民間事業者に対する主な公的助成制度（以下、国・地方自治体で折半）
・建設費のうち共用部分とバリアフリー化に要した部分の3分の2の補助
・家賃は、入居者の所得等に基づき定められた基準家賃額を超える部分について補助

高齢者向け優良賃貸住宅の概要

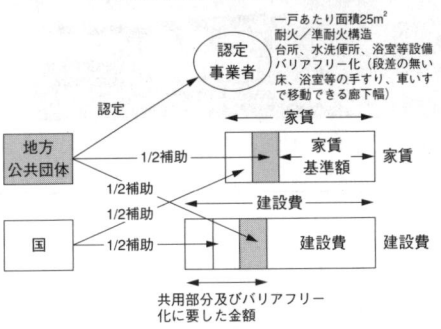

高齢者向け優良賃貸住宅事業への進出

三由建設㈱、富山県、資本金2,000万円、従業員24名

　自社の遊休地を活用し、建設予定地周辺に温泉付き保健センターがあり高齢者の生活環境が整っていたことなどから、高齢者向け優良賃貸住宅制度を活用し、高齢者向け優良賃貸住宅事業に進出。

<高齢者向け賃貸住宅の概要>

- ＲＣ造4階建、戸数31戸
- 1LDK　42.0㎡：27戸、家賃52,000円/月
- 2DK　48.2㎡： 4戸、家賃60,000円/月
- 高齢者対応バリアフリー化（入口・部屋の扉は全引戸。部屋・浴室等には24時間緊急通報装置設置等）
- 日中は生活援助員（安否確認、生活相談、軽度家事支援、連絡調整等）常駐

資料提供：三由建設㈱

1-1 リフォーム市場を深耕しよう 27

●●● 都道府県の高齢者向け住宅整備助成制度一覧 ●●●

全国の都道府県において高齢者向け住宅整備助成制度が拡充されてきており、この公的助成制度を上手く活用し、ビジネスチャンスにつなげていく。

全国都道府県の高齢者向け住宅整備助成制度

○新築のみを対象とする助成制度は除く
○平成13年11月現在
○凡例 　助成種別：①補助　②融資　③利子補給　④融資あっせん
　　　　助成対象：①高齢者または高齢者と同居する者に対するもの
　　　　　　　　　②高齢者を含め、①以外の者でも利用できるもの（将来に備えたバリアフリー工事など）
　　　　助成主体：①都道府県単独　②市町村（都道府県が市町村に対し助成）

都道府県	事業名	助成種別	助成対象	助成主体	補助または融資の対象限度額（万円）	融資または利子補給の最長期間
北海道	高齢者・身体障害者住宅整備資金貸付金	②	①	②	350	15年間
青森県	高齢者等住宅改造支援事業	①	①	②	30	－
	高齢者等住宅増改築資金融資制度（シニアハッピーローン）	②	①	②	300	15年間
岩手県	高齢者及び障害者にやさしい住まいづくり推進事業	①	①	②	市町村による	－
宮城県	高齢者・障害者住宅改良支援事業	①	①	②	市町村による	－
	高齢者住宅整備資金 貸付制度	②	①	②	市町村による	市町村による
秋田県	住宅建設資金融資（住宅改良資金）	②	②	②	500	20年間
山形県	あんしんマイホーム建設資金融資（増改築）	②	②	②	700	25年間
福島県	高齢者等住宅改造資金	②	①	②	500	10年間
茨城県	市町村の行なう高齢者住宅整備資金貸付制度への利子補給	③	①	①	－	10年間
栃木県	高齢対策等住宅改良特別融資	②	②	②	200	10年間
群馬県	在宅要援護者総合支援事業（老人住宅改造補修費助成）	①	①	②	750	－
	在宅要援護者総合支援事業（総合推進事業）	③	①	②	－	市町村による
埼玉県	在宅福祉資金貸付制度（けやきローン）	②	①	①	400	7年間
千葉県	高齢者及び重度障害者居室等増改築改造資金付制度	②	①	②	500	10年間
東京都	個人住宅増築・改築・修繕資金融資あっせん・利子補給	③④	②	①	(あっせん額)860	10年間
神奈川県	高齢者居室等整備資金	②	①	②	200	10年間
新潟県	高齢者・障害者向け住宅整備補助事業	①	①	②	80	－
富山県	住みよい家づくり資金融資（改良）	②	②	②	400	10年間
石川県	自立支援型住宅リフォーム資金助成制度	①	①	②	100	－
	バリアフリー住宅リフォーム資金融資制度	②	②	②	700	10年間
福井県	持家づくり資金利子補給制度	③	②	①	－	3年間
山梨県	高齢者及び重度心身障害者居室整備資金貸付事業	②	①	②	226.4	10年間
長野県	高齢者にやさしい住宅改良促進事業	①	①	②	90	－
岐阜県	高齢者いきいき住宅改善助成事業	①	①	②	70	－
	高齢者住宅整備資金 貸付事業	②	①	②	300	10年間
	福祉対応型住宅建設資金利子補給制度 加齢対応型等住宅リフォームローン利子補給制度	③	②	①	－	5年間
静岡県	高齢者住宅整備資金融資	②	①	②	420	10年間
愛知県	高齢者住宅整備資金貸付	②	①	②	300	－
	安全で快適な家づくりの利子補給制度	③	②	①	－	3年間
三重県	高齢者住宅改造補助事業	①	①	②	90	－
滋賀県	高齢者向け住宅小規模改造助成事業	①	①	②	市町村による	－
京都府	高齢者向け住宅改造資金融資制度	②	①	②	350	10年間
大阪府	大阪府高齢者・重度障害者等住宅改造助成事業	①	①	②	100	－
兵庫県	人生80年いきいき住宅助成事業（住宅改造・特別型）	①	①	②	100	－
奈良県	高齢者居室整備資金融資事業	②	①	②	200	10年間
和歌山県	高齢者居宅改修補助事業	①	①	②	100	－
鳥取県	住宅資金融資制度	②	②	②	150	15年間
島根県	住宅改善事業	①	②	②	50	－
広島県	住宅資金 融資制度（増改築）	②	②	②	300	20年間
岡山県	高齢者及び重度身体障害者住宅改造助成事業	①	①	②	100	－
山口県	高齢者住宅整備資金 貸付制度	②	①	②	400	10年間
徳島県	高齢者住宅改造促進事業	①	①	②	市町村による	－
香川県	高齢者住宅改造促進事業	①	①	②	100	－
	老人・障害者居室等 整備資金貸付	②	①	②	300	7年間
愛媛県	高齢者住宅整備資金	②	①	②	300	10年間
高知県	優しい住まい利子補給	③	②	①	－	5年間
福岡県	高齢者居室整備資金貸付事業	②	①	②	150	10年間
佐賀県	在宅高齢者住宅改良事業	①	①	②	40	－
長崎県	高齢者・障害者住宅改造助成事業	①	①	②	40	－
	高齢者・障害者住宅整備資金貸付事業	②	①	②	200	10年間
熊本県	高齢者・障害者住宅改造助成事業	①	①	②	90	－
大分県	高齢者住宅改造助成事業	①	①	②	120	－
宮崎県	高齢者住宅改造助成事業	①	①	②	100	－
鹿児島県	高齢者等住宅改造推進事業	①	①	②	80	－
沖縄県	なし（市町村で実施）					

出所：高齢者居住法活用研究会「高齢者居住法のしくみがわかる本」厚有出版

事例 高齢者向けバリアフリー住宅事業への進出

加藤組土建㈱、北海道、資本金1億1,700万円、従業員76名

　平成13年、社内にリフォーム事業室を発足し、高齢者向けバリアフリー住宅事業に進出。居宅介護支援事業所を社内に置き、ケアマネージャーを新規採用し介護相談を開始。リフォーム事業室のスタッフは、福祉住環境コーディネーターの有資格者。介護保険の仕組みを理解し、かつ建築のサポートも行っている。

【施工事例】　段差昇降機で外出が自由に

依頼者データ	女性、70代後半、要介護度3、夫と娘夫婦の4人暮らし
改修箇所	玄関へ段差昇降機の設置
依頼内容	●ご本人：天気のいい日には、ひとりで近くの公園まで出かけられるようになりたい。補助制度があれば使いたい。 ●家族：本人の行きたい時にすぐ介助してあげられず、また本人も遠慮している。気兼ねなく外出ができるように改修してほしい。
施工担当者より	函館市のいきいき住まいリフォーム助成を紹介。 介護保険制度といきいき住まいリフォーム助成を申請し改修した。 ※いきいき住まいリフォーム助成 　対象：前年の所得税が課税されていない世帯が対象 　助成額：改造工事に要する費用の3分の2（50万円が上限） ※段差昇降機 　モーター：電気　100ボルト　油圧式

◀施工前

施工後▶

資料提供：加藤組土建㈱

ひとくちmemo

○ケアマネージャー（介護支援専門員）とは
　介護保険の対象となる各種サービス（住宅バリアフリー改修他）の利用者の相談に応じ、利用者の希望や心身の状態等を考慮し、適切なサービスが利用できるように市町村、在宅サービス事業者、介護保険施設等との連絡調整を行う者。要介護度に応じたサービス（住宅改修他）提供のためケアプランを作成する。

3．健康住宅対応リフォーム

　平成15年7月1日、建築基準法が改正され、シックハウス対策のための規制が導入された。規制の柱は、①ホルムアルデヒドに関する建材の制限、換気設備設置の義務付け等、②住宅等にクロロピリホスを添加した建材の使用禁止である。

　この規制により、健康住宅リフォームの市場がさらに膨らんでいく。

改正建築基準法に基づくシックハウス対策

出所：国土交通省ＨＰ
http://www.mlit.go.jp/jutakukentiku/build/sick.files/chirashi.pdf

 ## 化学物質減少工法の開発

パルカ技研㈱、東京都、資本金5,000万円、従業員15名

平成15年特許庁長官奨励賞を受賞した化学物質減少工事

　有害化学物質ホルムアルデヒド（HCHO）、揮発性有機化合物（VOC）を、各種発熱装置（加熱・送風・攪拌）を用い放出。

　1住戸全体（天井・壁・床・収納・キッチン戸棚）の表面温度を40℃で5時間温め、同時に加湿・中和・分解・吸着・脱臭等の各種装置を用い、建材に含まれているホルムアルデヒド・VOCを強制的に放出させ、厚生労働省指針値以下に室内気中濃度を低減させる。

＜作業状況＞

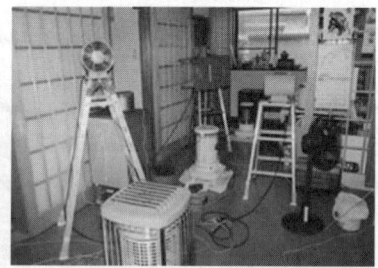

資料提供：パルカ技研㈱

1-1 リフォーム市場を深耕しよう　31

 韓国産の黄土を用いたシックハウス対策建材等の開発

㈱奥田組、島根県、資本金3,000万円、従業員10名

　韓国の黄土を原料に、シックハウス症候群の原因となるホルムアルデヒドなどを除去する吸着剤を開発。日本、中国、韓国で、戸建住宅の建材、個人用脱臭剤として販売。

　現在、黄土を微粒子にした一般消費者向け石鹸を商品開発（商品名：ミラクレイ）。

資料提供：㈱奥田組

クリック！

☆健康住宅に関する情報提供：NPO法人日本健康住宅協会
　http://www.kjknpo.com/
　1990年に「健康住宅推進協議会」として創設。2000年6月に「NPO法人日本健康住宅協会」として認証。「住宅の健康」と「住まい手の健康」を守るため、業種を超えたスペシャリストが集まって研究活動を実施。

4．省エネ対応リフォーム

　省エネ対応の住宅リフォームの代表的なものには、太陽光発電システムがある。その他にも高気密・高断熱改修、外断熱改修等があげられる。

　省エネ対応の新築住宅は大手ハウスメーカーなどとの競争が厳しいが、逆に、リフォームは小規模工事でオーダーメイドになることが多く、地場の中小・中堅建設業者が進出できるチャンスは十分にある。

(1) 太陽光発電システム

　太陽光発電システム設置に係る公的助成制度は充実している。

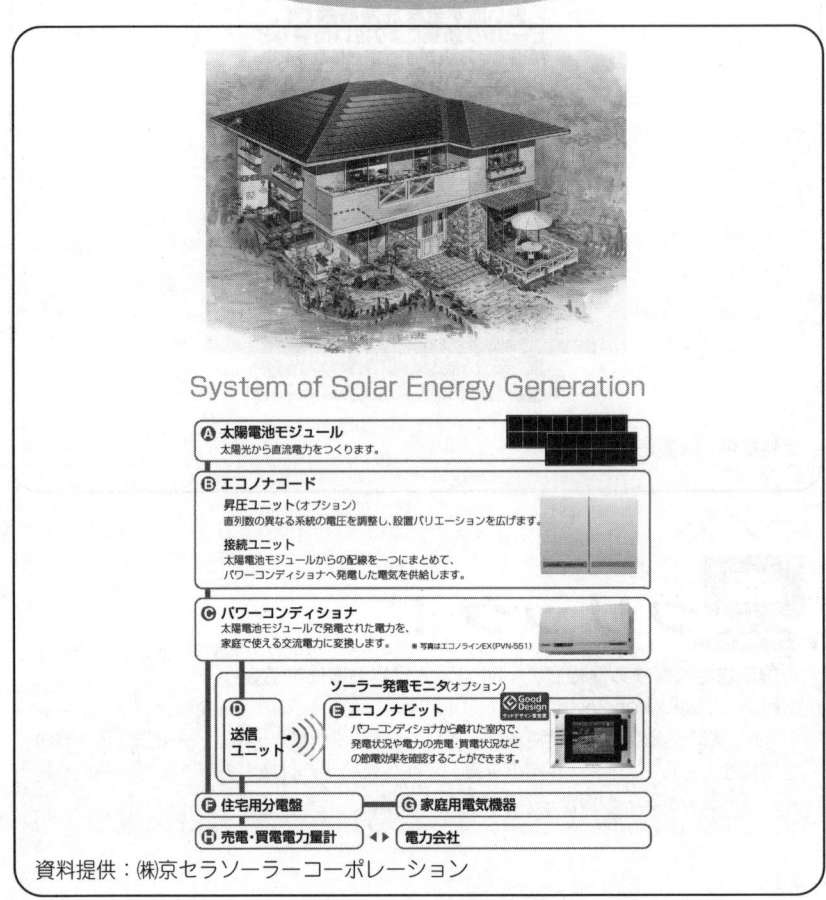

資料提供：㈱京セラソーラーコーポレーション

ひとくちmemo

○平成16年度住宅用太陽光発電導入促進事業の概要
　1kW規模あたり4.5万円補助（上限10kW未満）
　補助例
　　3kW設置の場合（一般家庭サイズ）
　　【補助額】3kW×4.5万円＝13.5万円
　　5kW設置の場合
　　　二世帯家族など電気使用量が多いご家庭の場合
　　【補助額】5kW×4.5万円＝22.5万円

クリック！

☆(社)太陽光発電普及推進協会
　http://www.tip.ne.jp/hare/
　クリーンなエネルギー太陽光発電の普及促進を目的に、平成10年、社団法人として山口県知事の認可を受ける。
☆省エネルギー関連の公益法人からの情報提供
○(社)ソーラーシステム振興協会　http://www.ssda.or.jp/
○(財)省エネルギーセンター　http://www.eccj.or.jp/
☆太陽光発電等の省エネルギー住宅を対象とした様々な公的助成制度
○太陽熱利用機器の助成制度一覧（国・地方自治体・各種団体）
　http://www.ssda.or.jp/assist/
○(財)新エネルギー財団の住宅用太陽光発電導入促進事業（補助制度）
　http://www.nef.or.jp/monitor/index.htm

(2) 高気密・高断熱改修

　高気密・高断熱改修も省エネ対応住宅リフォームの有望分野の一つである。

事例　高気密・高断熱外張り工法の開発

㈱佐々木工務店、山形県、資本金1,000万円、従業員10名

　断熱材で建物を外側からすっぽり覆い軸間断熱では解決できなかった断熱欠損を解消。あわせて高い気密性能を得ることができる。全室冷暖房で大幅に消費エネルギーを節減。

5. 土木のリフォーム

　これまでに整備された膨大な社会資本ストックの維持・補修ビジネスが、今後、巨大な市場となる。社会資本には道路、鉄道、下水道等、様々な施設がある。さらに、道路には橋梁、トンネル、盛土等があるなど、それぞれの施設は様々な構造体からなる。

　それらの中から特定の部材等を対象に、コストダウンや、低騒音・低振動などの周辺環境に配慮した新しい補修工法を開発するなど、ニッチ市場を開拓することが中小・中堅建設業者の戦略となる。

主要な社会資本ストックの推移

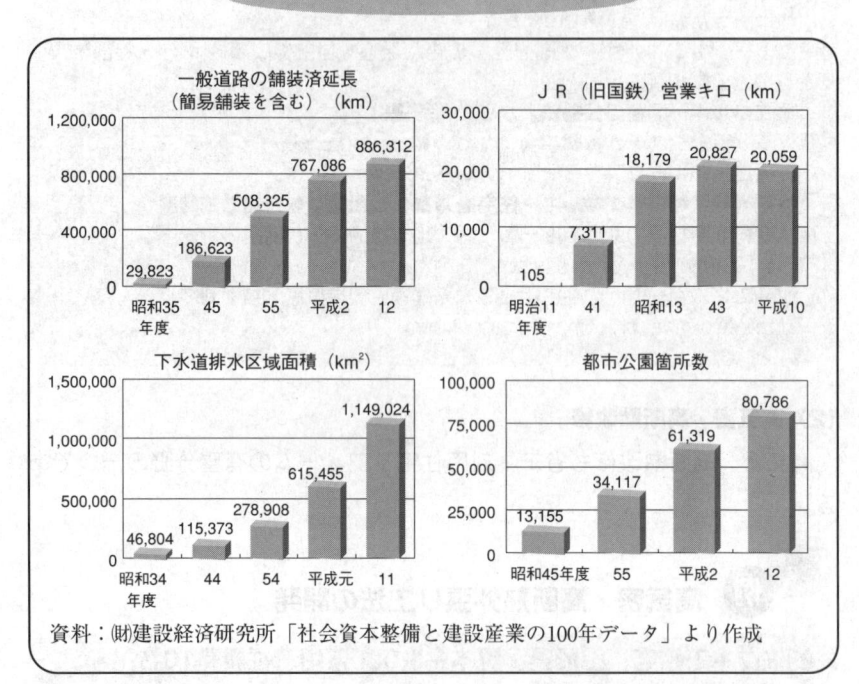

一般道路の舗装済延長（簡易舗装を含む）（km）

年度	延長
昭和35年度	29,823
45	186,623
55	508,325
平成2	767,086
12	886,312

JR（旧国鉄）営業キロ（km）

年度	キロ
明治11年度	105
41	7,311
昭和13	18,179
43	20,827
平成10	20,059

下水道排水区域面積（km²）

年度	面積
昭和34年度	46,804
44	115,373
54	278,908
平成元	615,455
11	1,149,024

都市公園箇所数

年度	箇所数
昭和45年度	13,155
55	34,117
平成2	61,319
12	80,786

資料：㈶建設経済研究所「社会資本整備と建設産業の100年データ」より作成

●●● 道路橋の維持・補修市場 ●●●

　道路橋について、供用50年以上の橋は、1960年代に建設した橋が50年を経過し始める2011年には18,000橋、2021年には50,000橋、2031年には93,000橋を超える。

　これら高齢化した橋の維持・補修ビジネスが注目されている。

道路橋のストック状況

☆道路橋の現況（平成6年4月時点）
- 橋長15m以上の橋は127,176橋、総延長約7,200kmの整備
- 1950年代中盤〜1970年代中盤の約20年間に建設された道路橋は約61,000橋、全体の約半数を占める。
- 橋種別橋梁延長をみると、鋼橋が約50％、PC橋が約30％、RC橋が約15％を占めている。

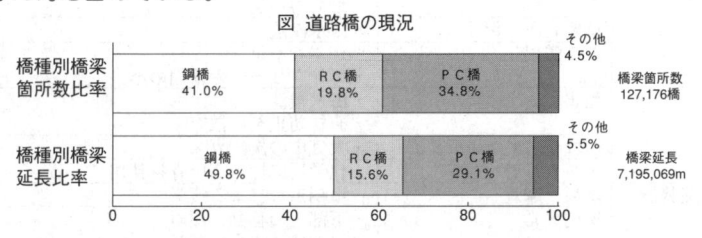

図　道路橋の現況

橋種別橋梁箇所数比率：鋼橋 41.0％／RC橋 19.8％／PC橋 34.8％／その他 4.5％　橋梁箇所数 127,176橋

橋種別橋梁延長比率：鋼橋 49.8％／RC橋 15.6％／PC橋 29.1％／その他 5.5％　橋梁延長 7,195,069m

- 第2次世界大戦以前の橋梁は約7,400橋で、全体橋数に占める割合は約6％と低い。
- 供用年数が50年以上の橋は、1960年代に架設された橋が50年を経過し始める2011年には18,000橋（全体の約12％）、2021年には50,000橋（同約30％）、2031年には93,000橋（同約50％）と、急速に橋の高齢化が進む。

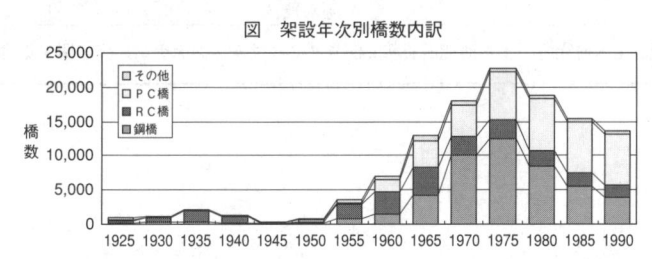

図　架設年次別橋数内訳

出所：（独）土木研究所　土木研究所資料3506号「ミニマムメンテナンス橋に関する検討」

●●● 道路橋のニッチ市場を探せ ●●●

道路橋は、下表のとおり、老朽化の進展に伴い各種部材に多種多様な劣化・損傷があらわれてくる。これらの中から維持・補修工事のニッチ市場を検討してみることも面白い。

道路橋を構成する部材の劣化・損傷

部材名	劣化・損傷名	考えられる要因
鋼桁	亀裂	・車輌走行の繰返しによる疲労 ・溶接不良 ・応力集中
	腐食	・伸縮装置からの漏水 ・排水管の損傷部からの漏水 ・床版損傷部からの漏水 ・海水飛沫等
コンクリート床版	ひびわれ	・温度変化、乾燥収縮 ・車輌走行の繰返しによる疲労 ・耐荷力不足
	遊離石灰、漏水	・雨水浸透
	鉄筋露出	・かぶり不足 ・コンクリートの締固め不良
	塩害	・海水飛沫等 ・凍結防止剤の散布
	中性化	・大気中の炭酸ガス
	アルカリ骨材反応	・化学反応性の高い骨材使用による
伸縮装置	亀裂、摩耗	・車輌走行による疲労
	遊間異常	・下部工の移動、傾斜 ・地震による桁の移動
	段差	・下部工の沈下 ・後打ちコンクリートの損傷
支承	腐食	・伸縮装置からの漏水 ・沓座付近の滞水
	沈下	・沓座モルタル等の施工不良
排水施設	脱落	・取付金具の腐食
	土砂詰り	・清掃作業の不十分さ
高欄	変形	・車輌の衝突
	腐食	・雨水 ・海水飛沫

出所：(独)土木研究所　土木研究所資料3506号「ミニマムメンテナンス橋に関する検討」

事例 舗装合材の保湿機の開発

㈲館ヶ崎建設、福島県、資本金500万円、従業員10名

〈新技術紹介❷〉
◆舗装合材の保温器

道路舗装の補修の際に材料を一定温度で保温しておく機器。現場で長時間に渡り保温しておくのが便利。補修する部分は通常、各所に転々としているわけで、移動しているうちにアスファルト材が冷めて、固まってしまう恐れがあった。二重構造により空気の層を利用することで滞めなくあたためるのが一般のポイント。一般のガスバーナーとボンベ（減圧弁付）が使えるのも実用的といえる。

出所：国土交通省東北技術事務所　技術情報誌「フォルモス」VOL28、2002.3月号
http://www.thr.mlit.go.jp/tougi/index.html

事例 セメントスラリー注入方式によるコンクリートひび割れ補修工法の開発

林建設工業㈱、山形県、資本金7,000万円、従業員117名

　従来は困難といわれていた微細なひび割れ（0.1mm幅）へのセメントスラリー注入を可能とする工法を開発し関連会社を通じて販売。

　この注入技術は日米欧で特許を取得しており、国内ではダム工事を中心に多くの実績がある。

　1980年代、日本海沿岸で問題となった塩害コンクリートの補修工事に関わったことを契機に、地元生コン業者、大手セメントメーカーと共同で劣化コンクリート補修工事を行う別会社を設立。当時、コンクリートのひび割れ補修は樹脂注入が主流であったが、ある施工物件でセメント系注入材を用いることとなり、従来工法で注入を試みたが上手くいかなかった。注入材の粒径はひび割れ幅よりはるかに小さいので、注入方法は必ずあると考え、自社開発に取組むことにした。

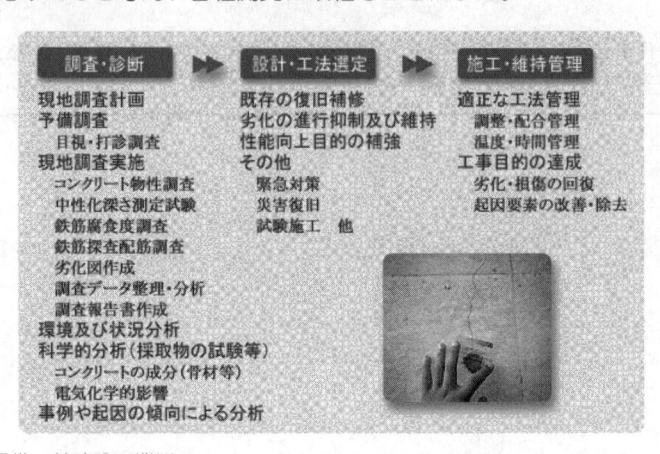

調査・診断	設計・工法選定	施工・維持管理
現地調査計画 予備調査 　目視・打診調査 現地調査実施 　コンクリート物性調査 　中性化深さ測定試験 　鉄筋腐食度調査 　鉄筋探査配筋調査 　劣化図作成 　調査データ整理・分析 　調査報告書作成 環境及び状況分析 科学的分析（採取物の試験等） 　コンクリートの成分（骨材等） 　電気化学的影響 事例や起因の傾向による分析	既存の復旧補修 劣化の進行抑制及び維持 性能向上目的の補強 その他 　緊急対策 　災害復旧 　試験施工　他	適正な工法管理 　調整・配合管理 　温度・時間管理 工事目的の達成 　劣化・損傷の回復 　起因要素の改善・除去

資料提供：林建設工業㈱

1-2　環境分野を深耕しよう

リフォーム分野と並び、有望といわれているのが環境分野である。

●●● 環境分野の市場規模予測 ●●●

平成14年、環境省が発表した「わが国の環境ビジネスの市場規模及び雇用規模の現状と将来予測についての推計」によれば、環境ビジネスの市場規模は、2000年で約30兆円であったものが、2010年では約47兆円と対2000年比50％を超え、2020年には、約58兆円とほぼ倍増すると急激な市場の成長が予測されている。

市場規模の拡大は雇用者数の増加をもたらす。環境ビジネスに従事する雇用者数は、2000年の77万人が、2010年には110万人（対2000年45.6％増）、2020年には124万人（同60.9％増）になると予測されている。

環境ビジネスの市場規模及び雇用規模の推計結果（調査年：平成14年）

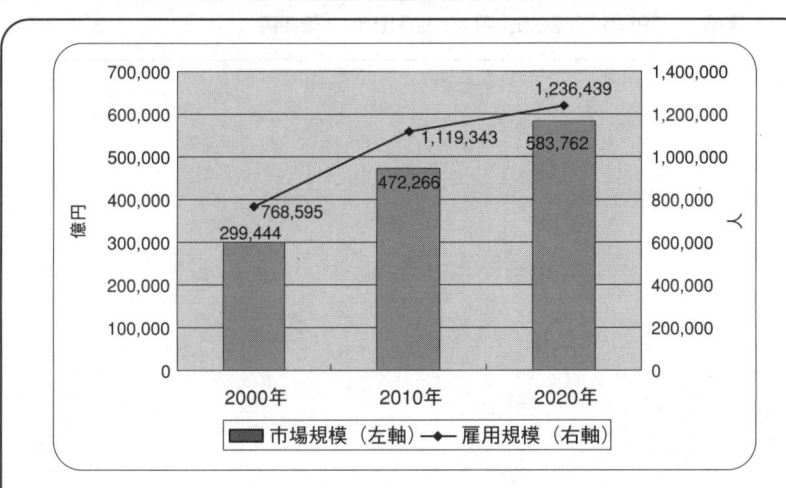

		2000 年	2010 年	2020 年
市場規模	金額（億円）	299,444	472,266	583,762
	対2000年比	－	＋57.7％	＋94.9％
雇用規模	人数（人）	768,595	1,119,343	1,236,439
	対2000年比	－	＋45.6％	＋60.9％

資料：環境省ＨＰ（http://www.env.go.jp/press/press.php3?serial=4132）より作成

このうち、建設関連の市場規模の大きな分野としては、廃棄物処理サービス（一般廃棄物の処理、産業廃棄物処理、中間処理、収集運搬等）が2020年で約10兆円、リサイクル（再生素材資源有効活用）が同約9兆円と予測されている。

また、市場の成長が著しい分野としては、環境負荷低減技術、省エネルギー技術、省エネルギーコンサル（ESCO事業等）、省エネルギー管理等があげられている。

（参考）その他の環境ビジネスの市場規模予測

1. ㈳日本機械工業連合会『環境ビジネスに関する調査研究　報告書』（1998年）
    ・2010年　環境ビジネス規模　34.0兆円
2. 経済産業省『21世紀経済産業政策の課題と要望（要点）』（2000年）
    ・環境市場規模予測　現状 15兆円，　2010年 37兆円，　2025年 60兆円
3. 経済産業省経済産業政策局産業構造課『産業構造審議会　新成長政策部会　中間とりまとめ』（2001年）
    ・環境　1998年　20.6兆円，　2010年　38兆円

わが国の環境ビジネスの市場規模及び雇用規模の現状と将来予測についての推計

環境ビジネス	市場規模（億円） 2000年	2010年	2020年	雇用規模（人） 2000年	2010年	2020年
A.環境汚染防止	95,936	179,432	237,064	296,570	460,479	522,201
装置及び汚染防止用資材の製造	20,030	54,606	73,168	27,785	61,501	68,684
1.大気汚染防止用	5,798	31,660	51,694	8,154	39,306	53,579
2.排水処理用	7,297	14,627	14,728	9,607	13,562	9,696
3.廃棄物処理用	6,514	7,037	5,329	8,751	6,676	3,646
4.土壌、水質浄化用(地下水を含む)	95	855	855	124	785	551
5.騒音、振動防止用	94	100	100	168	122	88
6.環境測定、分析、アセスメント用	232	327	462	981	1,050	1,124
7.その他	-	-	-	-	-	-
サービスの提供	39,513	87,841	126,911	238,989	374,439	433,406
8.大気汚染防止	-	-	-	-	-	-
9.排水処理	6,792	7,747	7,747	21,970	25,059	25,059
10.廃棄物処理	29,134	69,981	105,586	202,607	323,059	374,186
11.土壌、水質浄化(地下水を含む)	753	4,973	5,918	1,856	4,218	4,169
12.騒音、振動防止	-	-	-	-	-	-
13.環境に関する研究開発	-	-	-	-	-	-
14.環境に関するエンジニアリング	-	-	-	-	-	-
15.分析、データ収集、測定、アセスメント	2,566	3,280	4,371	10,960	14,068	17,617
16.教育、訓練、情報提供	218	1,341	2,303	1,264	5,548	8,894
17.その他	50	519	987	332	2,487	3,481
建設及び機器の据え付け	36,393	36,985	36,985	29,796	24,539	20,111
18.大気汚染防止設備	625	0	0	817	0	0
19.排水処理設備	34,093	35,837	35,837	27,522	23,732	19,469
20.廃棄物処理施設	490	340	340	501	271	203
21.土壌、水質浄化設備	-	-	-	-	-	-
22.騒音、振動防止設備	1,185	809	809	956	536	439
23.環境測定、分析、アセスメント設備	-	-	-	-	-	-
24.その他	-	-	-	-	-	-
B.環境負荷低減技術及び製品 (装置製造、技術、素材、サービスの提供)	1,742	4,530	6,085	3,108	10,821	13,340
1.環境負荷低減及び省資源型技術、プロセス	83	1,380	2,677	552	6,762	9,667
2.環境負荷低減及び省資源型製品	1,659	3,150	3,408	2,556	4,059	3,673
C.資源有効利用 (装置製造、技術、素材、サービス提供、建設、機器の据え付け)	201,765	288,304	340,613	468,917	648,043	700,898
1.室内空気汚染防止	5,665	4,600	4,600	28,890	23,461	23,461
2.水供給	475	945	1,250	1,040	2,329	2,439
3.再生素材	78,778	87,437	94,039	201,691	211,939	219,061
4.再生可能エネルギー施設	1,634	9,293	9,293	5,799	30,449	28,581
5.省エネルギー及びエネルギー管理	7,274	48,829	78,684	13,061	160,806	231,701
6.持続可能な農業、漁業	-	-	-	-	-	-
7.持続可能な林業	-	-	-	-	-	-
8.自然災害防止	-	-	-	-	-	-
9.エコ・ツーリズム	-	-	-	-	-	-
10.その他	107,940	137,201	152,747	218,436	219,059	195,655
機械・家具等修理	19,612	31,827	31,827	93,512	90,805	66,915
住宅リフォーム・修繕	73,374	89,700	104,542	59,233	59,403	56,794
都市緑化等	14,955	15,674	16,379	65,691	68,851	71,946
総計	299,444	472,266	583,762	768,595	1,119,343	1,236,439

注1：データ未整備のため「-」となっている部分がある。
 2：2000年の市場規模については一部年度がそろっていないものがある。
 3：市場規模については、単位未満について四捨五入しているため、合計が一致しない場合がある。

出所：環境ビジネスの市場規模及び雇用規模の推計結果
http://www.env.go.jp/press/file_view.php3?serial=4625&hou_id=4132

1．リサイクル

リサイクル分野の市場規模は、環境省によれば、2000年で7.8兆円規模であったものが、2010年には8.7兆円（対2000年比11.0％増）、2020年には9.4兆円（同19.4％増）に拡大すると予測されている。

リサイクル分野の市場規模予測

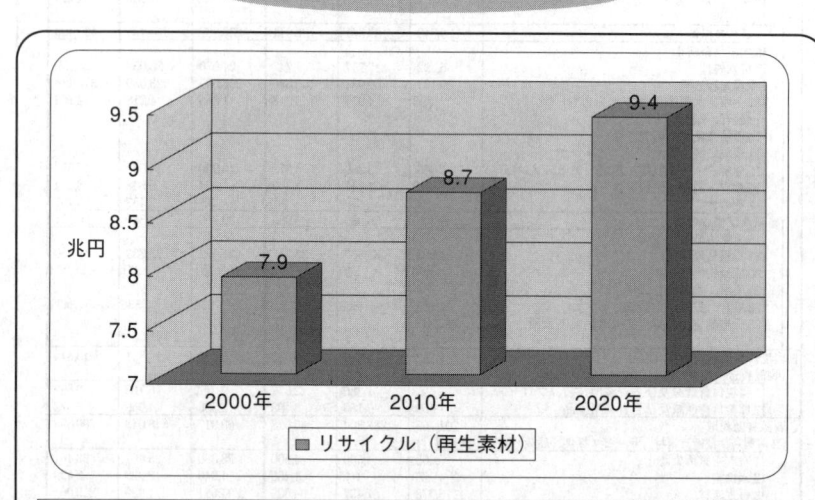

	単位	2000年	2010年	2020年
リサイクル	兆円	7.9	8.7	9.4
（再生素材）	対2000年比	−	＋11.0％	＋19.4％

資料：環境省ＨＰ　(http://www.env.go.jp/press/press.php3?serial=4132) より作成

建設業は、全産業廃棄物の排出量の約2割を占めるなど、建設廃棄物の量が多いことが課題とされている。

建設廃棄物の課題

①全産業廃棄物の排出量の約2割を占める。
②全産業廃棄物の最終処分量の約3割を占める。
③全産業廃棄物不法投棄量の約6割を占める。

これまで、建設廃棄物は排出抑制が推進され、平成12年度には建設廃棄物排出量は平成7年度と比べ14％減少した。しかし、国土交通省の将来予測をみると、平成12年度から平成22年度にかけ、老朽化した建築物の解体に伴い発生する建設廃棄物は55％増加すると予想されている。
　ここにビジネスチャンスがある。

建設廃棄物排出量の将来予測

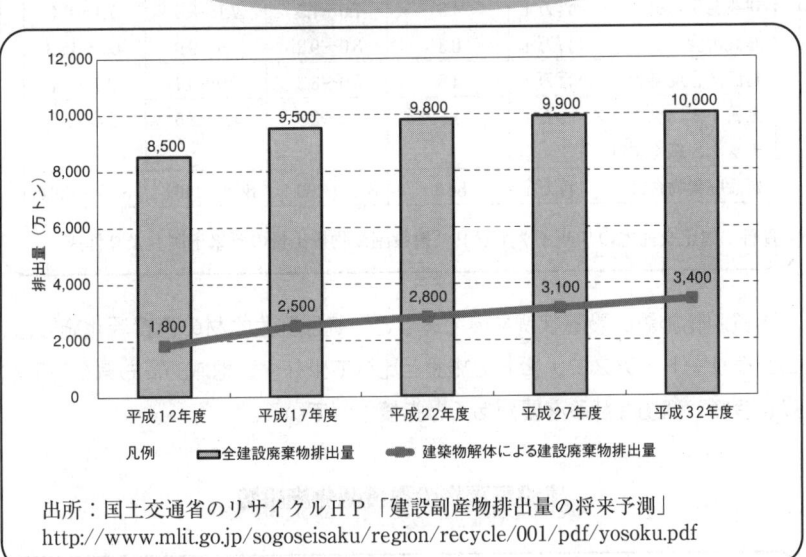

年度	全建設廃棄物排出量（万トン）	建築物解体による建設廃棄物排出量（万トン）
平成12年度	8,500	1,800
平成17年度	9,500	2,500
平成22年度	9,800	2,800
平成27年度	9,900	3,100
平成32年度	10,000	3,400

出所：国土交通省のリサイクルＨＰ「建設副産物排出量の将来予測」
http://www.mlit.go.jp/sogoseisaku/region/recycle/001/pdf/yosoku.pdf

　国土交通省による平成32年度までの建設副産物排出量の将来予測では、コンクリート塊、建設発生木材等の増加率が大きい。
　また、建設副産物の再資源化は、平成7年度から平成12年度にかけ、58％から85％に上昇しているものの、建設発生木材、建設汚泥、建設混合廃棄物の再資源化率は低迷している。

建設副産物排出量の将来予測

項目	単位	平成12年度	平成17年度	平成22年度	平成32年度
建設発生土	億㎥	2.8	2.6〜3.2	2.4〜3.5	2.0〜4.1
コンクリート塊	百万t	35	40.6〜44.9	41.5〜50.4	43.3〜59.7
アスファルト塊	百万t	30	27.7〜33.4	25.4〜36.8	21.3〜44.3
建設発生木材	百万t	4.8	7.0〜7.5	7.1〜8.0	7.1〜8.4
建設汚泥	百万t	8.3	8.0〜9.2	7.5〜9.9	6.7〜11.3
建設混合廃棄物	百万t	4.8	3.0〜3.2	2.9〜3.4	2.7〜3.4
金属くず、廃プラスチック、紙くず計	百万t	1.5	2.2〜2.3	2.3〜2.5	2.4〜2.6
建設廃棄物合計	百万t	84.8	88.5〜100.4	86.8〜110.8	83.5〜129.8

資料：国土交通省のリサイクルＨＰ「建設副産物排出量の将来予測」より作成

　再資源化施設の設置状況をみてみると、建設発生木材の再資源化施設は、コンクリート・アスファルトの施設と比べて少なく、地域的にも偏在しており、今後、増加させる必要があると指摘されている。

建設廃棄物の再資源化施設数

種類	施設数
再生アスファルトプラント	777
再生砕石プラント	1,790
木材チップ化プラント	238
建設汚泥改良プラント	248
混合廃棄物処理施設	416

出所：国土交通省「建設リサイクルの推進について」ＨＰ　http://www.kkr.mlit.go.jp/fukusan/topics/recycle.pdf

（参考）建設廃棄物の処理・リサイクルに関わる法令

区分	法令の名称	項目	条項	対象者	内容
産業廃棄物処理	廃棄物の処理及び清掃に関する法律	産業廃棄物の適正処理	3条等	事業者	事業者は、その事業活動に伴って生じた廃棄物を自らの責任において適正に処理しなければならない。
建設廃棄物のリサイクル	建設工事に係る資材の再資源化等に関する法律（建設リサイクル法）	分別解体等実施義務	9条等	元請業者等	特定建設資材を用いた建築物の解体工事等（対象建設工事）において、工事受注者等は、正当な理由がある場合を除き、分別解体等をしなければならない。
		対象建設工事の届出に係る事項の説明等	12条	元請業者等	対象建設工事の発注者から工事を請け負おうとする建設業者は、発注者に対し建築物の構造、分別解体等の計画等、特定の事項を記載した書面を交付して説明しなければならない。
		再資源化等実施義務	16条	元請業者等	対象建設工事受注者は、分別解体等に伴って生じた特定建設資材廃棄物について、特定の場合を除き、再資源化をしなければならない。
		発注者への報告等	18条	元請業者等	対象建設工事の元請業者は、特定建設資材廃棄物の再資源化等が完了したときは、発注者に書面で報告するとともに実施状況記録を作成・保存しなければならない。
	資源の有効な利用の促進に関する法律	副産物等の抑制、再生資源の利用促進等	4条等	事業者	建設工事等を行う者は、原材料の使用の合理化を図るとともに、再生資源および再生部品を利用するよう努めなければならない。
	建設業に属する事業を行う者の再生資源の利用に関する判断の基準となるべき事項を定める省令	再生資源の利用	全体	建設工事業者	建設工事業者の再生資源の利用を促進するため、「建設発生土」、「コンクリート塊」、「アスファルト・コンクリート塊」について、工事現場での利用に関する判断基準を定めたもの。
		再生資源利用計画の作成等	8条	元請業者	発注者から直接建設工事を請け負った建設工事業者は、特定の建設資材を搬入する建設工事を施工する場合、予め再生資源利用計画を作成するものとする。
	建設業に属する事業を行う者の指定副産物に係る再生資源の利用に関する判断の基準となるべき事項を定めた省令	指定副産物の利用	全体	建設工事業者	建設工事業者の指定副産物の利用を促進するため、「建設発生土」、「コンクリート塊」、「アスファルト・コンクリート塊」、「建設発生木材」について、工事現場での利用に関する判断基準を定めたもの。
		再生資源利用促進計画の作成等	7条	元請業者	発注者から直接建設工事を請け負った建設工事業者は、指定副産物を搬出する建設工事を施工する場合、予め再生資源利用計画を作成するものとする。

建設廃棄物の廃棄物処理法上の位置付け

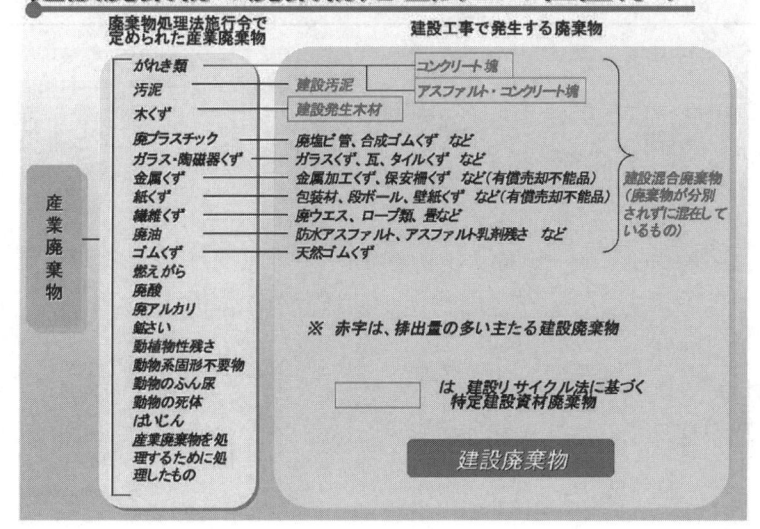

廃棄物処理法施行令で定められた産業廃棄物

産業廃棄物
- がれき類
- 汚泥
- 木くず
- 廃プラスチック
- ガラス・陶磁器くず
- 金属くず
- 紙くず
- 繊維くず
- 廃油
- ゴムくず
- 燃えがら
- 廃酸
- 廃アルカリ
- 鉱さい
- 動植物性残さ
- 動物系固形不要物
- 動物のふん尿
- 動物の死体
- ばいじん
- 産業廃棄物を処理するために処理したもの

建設工事で発生する廃棄物
- 建設汚泥
- コンクリート塊
- 建設発生木材
- アスファルト・コンクリート塊
- 廃塩ビ管、合成ゴムくず など
- ガラスくず、瓦、タイルくず など
- 金属加工くず、保安柵くず など（有償売却不能品）
- 包装材、段ボール、壁紙くず など（有償売却不能品）
- 廃ウエス、ロープ類、畳 など
- 防水アスファルト、アスファルト乳剤残さ など
- 天然ゴムくず

建設混合廃棄物（廃棄物が分別されずに混在しているもの）

※ 赤字は、排出量の多い主たる建設廃棄物

☐ は、建設リサイクル法に基づく特定建設資材廃棄物

建設廃棄物

出所：国土交通省HP

経済産業省では、リサイクルガイドラインの制定等により、環境と経済が両立した新しい循環型経済システムの構築を推進している。

経済産業省の3R政策

> スリーアール
> **3R政策**
> リデュース・リユース・リサイクル
> Recycling Policy
> ▸TOP ▸サイトマップ ▸関連サイト
> ▸English
>
> 3R（スリーアール）とは、環境と経済が両立した循環型社会を形成していくためのキーワードです。
> ❶ Reduce（リデュース）… 廃棄物の発生抑制
> ❷ Reuse（リユース）…… 再使用
> ❸ Recycle（リサイクル）… 再資源化
>
> RRR
> Reduce Reuse Recycle
>
> 毎年10月は3R推進月間です　16年度の月間概要
> ●キャンペーンマークの詳細はこちら

出所：経済産業省HP：http://www.meti.go.jp/policy/recycle/

●●● 様々な建設リサイクル ●●●

a．間伐材

　中小・中堅建設業者は間伐材のリサイクル事業への進出事例が多い。これまで、間伐材は大きさも太さもふぞろいのため、建材としては利用しにくく、木炭やチップになるのがほとんどであった。さらに、最近では、間伐材の引取価格が収集費用を下回る地域もあり、そこでは間伐材が放置され荒廃した状態が続いている。

　間伐材のリサイクルは山林環境保全の点からも重要であり、現在、様々な商品化への取組みが行われている。

全国森林組合連合会主催　平成16年度間伐・間伐材利用コンクール
「暮らしに役立つ間伐材利用」部門　林野庁長官賞受賞

	「間伐・間伐材利用コンクール」受賞者の概要
部　門	「暮らしに役立つ間伐材利用」部門
賞	林野庁長官賞
受賞者	愛媛県森林組合連合会木材加工センター（愛媛県松山市）
概　要	地元スギ間伐材を利用し、細かく砕いて炭化させた「炭」を六角ブロックに固めた遊歩道の舗装材を開発。 炭の効能である浄化・消臭・土壌改良作用を活かした商品であり、クッション効果、透水作用、施工性に優れ、景観や歩行者の歩行快適性に配慮した製品。 都市公園整備や森林空間整備など公共性の高い箇所での活用が期待される。

出所：全国森林組合連合会ＨＰ　http://www.zenmori.org/kanbatsu/topmenu/concours2004.htm

●●● 色々な間伐材リサイクル製品 ●●●
<間伐・間伐材利用コンクール「アイデアと実践 vol.4」より>

株式会社オカグレート東北支社
「グレーチング」

道路施設株式会社　木製高欄

株式会社イーエムシー
木製ガードレール

島原市農林水産課　間伐材漁礁

愛知県道路公社
木製投物兼転落防止柵

久慈地方森林組合
パネル型集成材を活用した「建物のトラス用フレーム部材」による建築

出所：全国森林組合連合会HP　http://www.zenmori.org/kanbatsu/topmenu/seihin.htm

事例　間伐材から不燃木材の開発

㈱アサノ不燃木材、福井県、資本金9,000万円、従業員13名

　優れた素材である木材をもっと広く活用できないかと「木で生かされ木を生かす」をコンセプトとし、木材（特に間伐材）の需用拡大、有効利用のため、2001年、「木材は『燃える』『腐る』」という常識を覆す商品「不燃木材」を開発し、木材で初めての国土交通大臣不燃材料認定を取得。

　これまで多くの研究者、企業が不燃木材の開発に取り組んでいたが、木材を不燃処理するため、基準に達するまで不燃処理薬剤を木材の中に含浸させることが困難であった。

　3年の歳月をかけ、薬剤の開発、薬剤含浸方法、木材の乾燥方法を研究した結果、基準薬剤含浸量に到達することができ、「不燃木材」が実現。2002年7月より製造・販売を開始。

資料提供：㈱アサノ不燃木材

b. 廃石膏

　廃石膏ボードの排出量は、今後、建物の解体等の増加に伴い、増加することが予想されている。

　石膏ボードの廃棄は、紙を除いた石膏部分は安定型の産業廃棄物最終処分場、それ以外は、管理型の産業廃棄物最終処分場で行っているが、近年、安定型の最終処分場で硫化水素が発生し、廃石膏ボードはその原因となり得ると見なされ、最終処分の規制が厳しくなり、リサイクルが促進するといわれている。

　廃石膏ボードの排出量は、㈳石膏ボード工業会の推計によれば、2003年に133万トンであったものが、10年後の2013年には199万トンと約5割の増加が予想されている。

廃石膏ボード排出量の推計

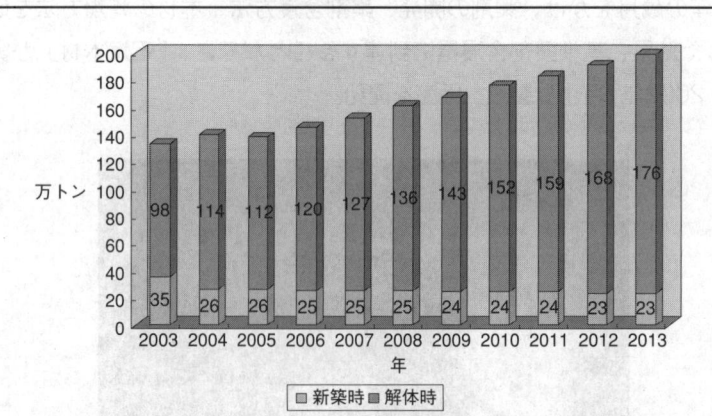

年	2003	2004	2005	2006	2007	2008	2009	2010	2011	2012	2013
解体時（万トン）	98	114	112	120	127	136	143	152	159	168	176
新築時（万トン）	35	26	26	25	25	24	24	24	23	23	23

（注1）年間排出量＝各年次の年初総ストック量＋その年の年間生産量－次年次の年初総ストック量
　　　年初総ストック量は、建物構造・用途別に「各年次使用量×建物現存率」を計算したものの、1951年以降の総和による。
（注2）建物現存率については、「住宅の寿命分布に関する調査研究（住宅総合研究財団研究年報No.18、加藤裕久・吉田倬郎・小松幸夫・野城智也各教授による）」の式を引用。
（注3）2004年から2005年にかけて年間排出量・解体系排出量の値が一時的に減少するが、これは第1次オイルショックの影響によるもの（約30年を経て解体時期を迎えるものが多いため）

出所：㈳石膏ボード工業会ＨＰ　http://www.gypsumboard-a.or.jp/haishutsuryou_suikei.shtml

　平成14年、環境省が発表した「廃石膏ボードのリサイクルの推進に関する検討調査」によれば、廃石膏ボードのリサイクル製品としては、セメントの原料、製鉄所での焼結原料等が有望であるとしている。

廃石膏ボードの有望なリサイクル製品

①セメントの原料…受入可能量は大量。課題は原料の品質の均一化、安定供給。
②製鉄所での焼結原料…受入可能量は大量。焼結機を有する製鉄所は太平洋ベルト地帯に多くが立地。
③地盤改良材…石灰系固化材の添加材、セメント系固化材の添加材。
④農林用地の改良材…土壌がアルカリ化した土地の改良材。
⑤肥料…現在、特殊肥料の販売量500万トンのうち、すでに石膏を用いた肥料は5千トン。

資料：環境省「廃石膏ボードのリサイクルの推進に関する検討調査」より作成

事例 リサイクルプラントの建設・商品化

玉田建設㈱、岐阜県、資本金3,000万円、従業員49名

平成11年、廃棄物処理法改正で、廃石膏ボードは石膏と紙に分別しなければ管理型処分場での処理が義務づけられ、処分コストの大幅アップが懸念されていた。

当時、岐阜県には廃石膏ボードのリサイクルプラントはなかったので、岐阜県内初の石膏ボード端材分離装置を導入した本格的なリサイクルプラントを建設し、平成14年、廃棄石膏ボードリサイクル中間処理業を開始した。

石膏ボード分別処理機を購入した石膏ボードメーカーの協力により、リサイクル商品を開発。紙は法面客土材、粉末はグランドに引くラインとして商品化。

資料提供：玉田建設㈱

c．廃ガラス

　ガラス瓶は、無色のものは粉砕しガラスの製造原料にリサイクルすることは可能であるが、色つきのものはガラスの製造原料には適していない。
　色つきのガラスを細骨材としてリサイクルする取組みが行われている。

事例　透水性舗装ブロックの製造・販売

㈱福島シービー、福島県、資本金9,100万円、従業員35名

　福島県内の各自治体が分別回収したガラス瓶のうち、ガラス製品の原料に向かない色つきのものを、粉砕後、さらにもみすり仕上げで角落としして骨材を製造し、舗装用ブロック等を製造する。

特長　国土交通省新技術活用促進システム登録TH-000008
1. 福島県内の廃ガラスを再利用した、地域密着型リサイクル舗装材。
2. 雨水の循環を促進し、環境に貢献。
3. リサイクル製品普及促進のため、従来製品と同価格。

資料提供：㈱福島シービー

d. 塩ビ管

　塩ビ管のリサイクルは、塩化ビニル管・継手協会の推定によれば、平成16年度で年間排出量35,500トンのうち、リサイクル量19,900トンと、約56％がリサイクルされている。リサイクルの推進には、異物除去方法等のリサイクル材再生技術、新規再生製品等の開発が必要であるとしている。

塩ビ管のリサイクルの現状

現状	平成15年度 (2003年度)	排出量	35,500トン／年
		Mリサイクル量	18,300トン／年
		Mリサイクル率	52％
	平成16年度 (2004年度)	排出量	35,500トン／年
		Mリサイクル量	19,900トン／年
		Mリサイクル率	56％

（注：Mはマテリアルを意味する）
出所：塩化ビニル管・継手協会ＨＰ　http://www.ppfa.gr.jp/03-b/index06.html

事例　塩ビ管再生原料として製造・販売

㈱フラワーロード、岐阜県、資本金1,000万円、従業員13名

　塩ビ管等の破砕処理施設を建設し、管工事の現場等からでる廃塩ビ管を破砕処理し、再生原料として塩ビ管等製造メーカーに販売する。
　市販されている破砕処理機械は、高額のため採算が合わないことから、独自の破砕処理技術を開発した。メーカーによる原料の品質規格審査に合格する品質を確保するため処理技術の確立までに2年を要した。
　技術指導・助言等は、塩ビ管製造メーカー等から受けた。
　事業を採算ベースに乗せるためには、一定量の廃塩ビ管の確保が必要となるが、事業の立上げ時には再生の対象となる廃塩ビ管を集めることができるかが不安だった。
　現在ではメーカーからの評価も高く、事業は順調に進んでおり、工事部門の収益を補完するもう一つの柱になりつつある。

54　Step 1　新分野進出の芽を見つけよう！

再生塩ビ管がグリーン購入法の特定調達品目に指定

出所：塩化ビニル管・継手協会ＨＰ　http://www.ppfa.gr.jp/07/index02.html

e. プラスチック

2002年に有効利用された廃プラスチックは542万トン、有効利用率は55%にとどまっている。

プラスチックの生産量・排出量

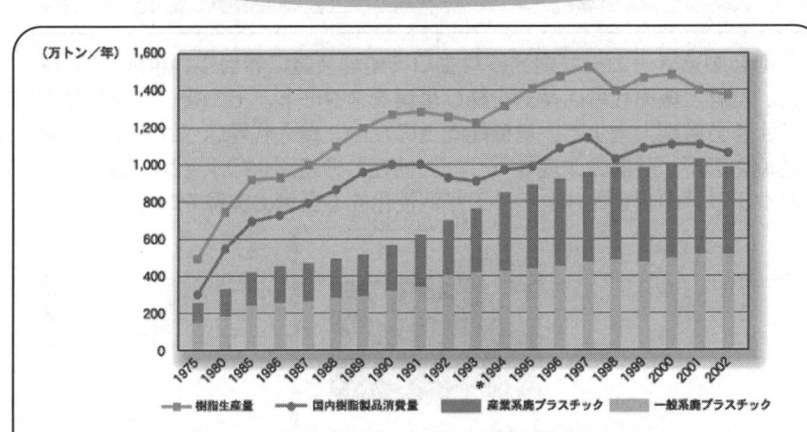

*1994年から推算方法を変更し、産業系廃プラスチックに未使用の生産ロス量、加工ロス量を新たに計上し加算。

＜廃プラスチックの有効利用量と有効利用率の推移＞

年	1990	1995	1996	1997	1998	1999	2000	2001	2002
有効利用量 万トン	144	221	358	399	435	452	494	535	542
有効利用率 %	26	25	39	42	44	46	50	53	55

＜プラスチックの３つのリサイクル＞

分類	リサイクルの手法	ヨーロッパでの呼び方
マテリアルリサイクル（材料リサイクル）	再生利用 ・プラ原料化 ・プラ製品化	メカニカルリサイクル (Mechanical Recycle)
ケミカルリサイクル	原料・モノマー化 高炉還元剤 コークス炉化学原料化 ガス化　化学原料化 油化	フィードストックリサイクル (Feedstock Recycle)
サーマルリサイクル（エネルギー回収）	燃料 セメントキルン ごみ発電 RDF	エネルギーリカバリー (Energy Recovery)

出所：㈳プラスチック処理促進協会ＨＰ　http://www.pwmi.or.jp/home.htm

f. その他のリサイクル事例

事例　生ごみリサイクル事業

小澤工業㈱、福島県、資本金5,000万円、従業員50名

　ある製造メーカーが開発した生ゴミ処理装置に着目し、平成12年12月、同社と販売代理店契約を結び事業をスタート。その後、バクテリアによる分解能力向上と脱臭機能向上のため、輸入代理店ベンチャーの技術協力の下、装置の改良を行った。他社との差別化のポイントは、このバクテリアの選定とバクテリアが活性化する環境の実現である。

資料提供：小澤工業㈱

事例　廃タイヤのリサイクル商品開発

㈱タツシン、岡山県、資本金1,000万円、従業員4名

　大量に排出される廃タイヤのリサイクルを考え、可倒式視線誘導標「フラワーコーン」を開発。
　スタンダードタイプのチューリップ型の標識は、内部が空洞になっており弾力性に富み、傷もつきにくくなっている。アンカー部分は圧縮バネを使用。通常の状態では伸び、力が加わると縮む性質を利用し、倒れたコーンを起き上がらせる仕組み。

資料提供：㈱タツシン

2. 土壌汚染対策

●●● 土壌汚染対策ビジネスの市場規模予測 ●●●

　土壌汚染対策ビジネスの市場は、環境省の市場予測によると、2000年で848億円であったものが、2010年には約5,800億円と6.8倍に急成長する。また、その後、伸びは鈍化するものの2020年には約6,800億円と、2000年と比べ8倍程度市場が大きくなると予測されている。

環境ビジネスの市場規模及び雇用規模の推計結果（平成14年）

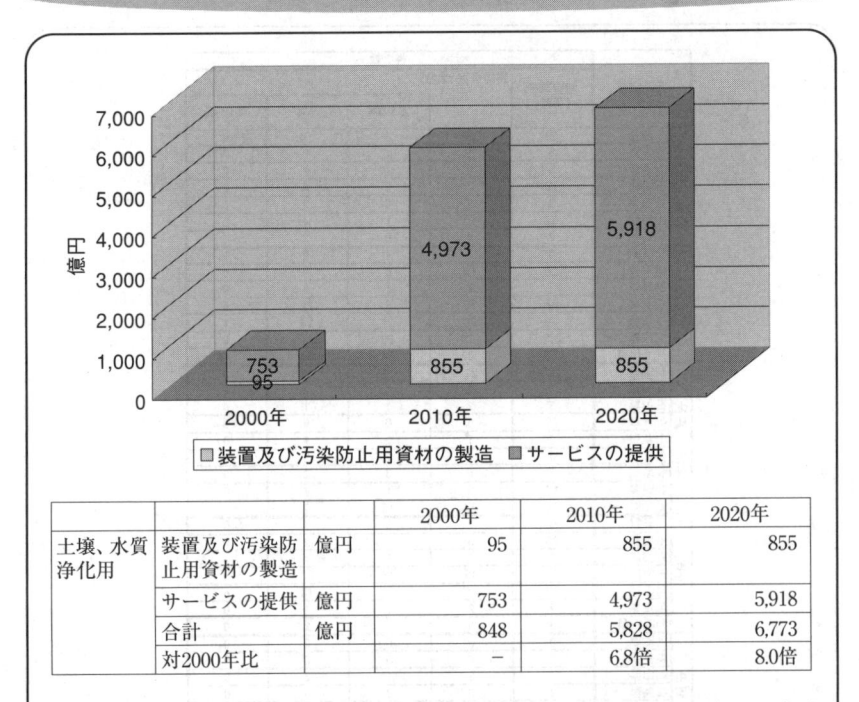

			2000年	2010年	2020年
土壌、水質浄化用	装置及び汚染防止用資材の製造	億円	95	855	855
	サービスの提供	億円	753	4,973	5,918
	合計	億円	848	5,828	6,773
	対2000年比		−	6.8倍	8.0倍

資料：環境省ＨＰ（http://www.env.go.jp/press/press.php3?serial=4132）より作成

　土壌汚染対策ビジネスの潜在的な市場規模は、㈳土壌環境センター（ＨＰ http://www.gepc.or.jp/）が推計している。それによると、土壌汚染調査の実施が望まれる全産業事業所数を約88万社、総面積約14万haとし、そこに必要な土壌汚染調査費用は約2兆3,000億円、土壌汚染浄化費用は約11兆円と推計し、これらを合わせ13兆3,000億円と予測されている。

●●● わが国の土壌汚染の実態 ●●●

環境省環境管理局水環境部「平成12年度土壌汚染調査・対策事例及び対応状況に関する調査」からわが国の土壌汚染の実態をみてみる。

(1) 都道府県別

都道府県別の土壌汚染判明事例数をみると、関東及び近畿地方において件数が多いことがわかる。

都道府県別の調査・対策事例数

	都道府県	調査事例(累積)	超過事例(累積)	重金属等	VOC	複合汚染
北海道・東北	北海道	23	17	3	14	0
	青森県	8	1	1	0	0
	岩手県	5	3	1	2	0
	宮城県	10	7	3	4	0
	秋田県	3	2	0	2	0
	山形県	32	13	1	12	0
	福島県	7	4	0	3	1
関東	茨城県	4	2	1	0	1
	栃木県	25	15	6	9	0
	群馬県	7	3	1	2	0
	埼玉県	84	35	8	22	5
	千葉県	76	36	21	14	1
	東京都	228	110	90	11	9
	神奈川県	212	107	54	39	14
北陸・中部	新潟県	32	22	12	10	0
	富山県	5	2	1	0	1
	石川県	5	2	1	1	0
	福井県	12	6	0	6	0
	山梨県	2	1	0	1	0
	長野県	6	4	2	2	0
	岐阜県	5	5	3	2	0
	静岡県	14	8	1	7	0
	愛知県	37	27	15	7	5
近畿	三重県	6	3	0	3	0
	滋賀県	23	3	1	2	0
	京都府	8	7	2	4	1
	大阪府	72	49	18	26	5
	兵庫県	72	48	26	18	4
	奈良県	7	2	1	1	0
	和歌山県	3	3	1	2	0
中国・四国	鳥取県	0	0	0	0	0
	島根県	0	0	0	0	0
	岡山県	7	3	1	2	0
	広島県	3	3	0	0	0
	山口県	5	4	1	2	1
	徳島県	1	0	0	0	0
	香川県	0	0	0	0	0
	愛媛県	6	2	1	1	0
	高知県	0	0	0	0	0
九州・沖縄	福岡県	18	8	6	1	1
	佐賀県	1	0	0	0	0
	長崎県	0	0	0	0	0
	熊本県	14	0	0	0	0
	大分県	6	6	6	0	0
	宮崎県	1	0	0	0	0
	鹿児島県	2	1	1	0	0
	沖縄県	0	0	0	0	0
	合計	1,097	574	293	232	49

注) 12年度に新たに報告又は修正報告があったものを含む。

(2) 年度別

年度別にみると、土壌汚染判明事例は平成10年度から急増している。平成12年度は134件の超過事例が判明しているが、そのうち72件（53.7％）が重金属等超過事例であった。

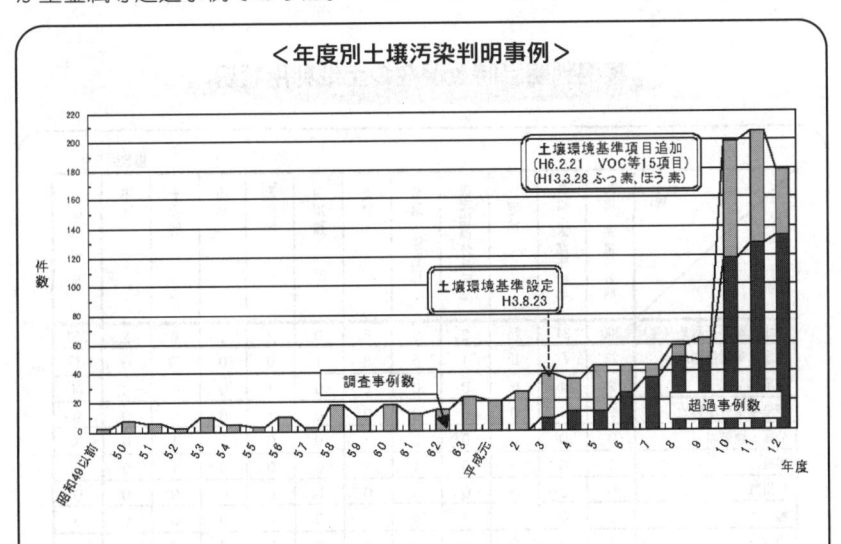

＜年度別土壌汚染判明事例＞

＜年度別超過事例数＞

(件数)

判明年度	超過事例	重金属等超過事例	VOC超過事例	複合汚染事例
平成3	8	8	—	—
4	13 (1)	13 (1)	—	—
5	13	13	—	—
6	25 (-1)	14 (-1)	8	3
7	36	20	15	1
8	50	28	18	4
9	48 (1)	30 (-1)	12 (1)	6 (1)
10	118 (-4)	45 (2)	67 (-6)	6
11	129 (12)	50 (6)	68 (5)	11 (1)
12	134	72	44	18
合計	574 (9)	293 (7)	232	49 (2)
昨年度結果	431	214	188	29

(注) ( ) は、平成12年度に新たな報告又は修正報告された件数（内数）である。

(3) 土地利用状況

　土壌汚染が判明した事例について、判明当時と現在の土地利用状況についてみると、判明当時は工場・事業所敷地・跡地が多く、現在は、工場・事業所敷地・跡地はもとより住宅地になっているところも多く見受けられる。

事例判明当時と現在の土地利用状況

（複数回答有）

当時＼現在	工場・事業所敷地	工場・事業所跡地	住宅地	廃棄物処分場跡地	公園・運動場	道路	河川敷	農用地	山林	その他	不明	延べ回答数
工場・事業所敷地（注）	300	34	25	2	2	6	0	2	1	6	2	380
工場・事業所跡地	22	77	40	1	6	8	1	0	0	19	3	177
住宅地	2	1	16	0	0	2	0	1	0	2	0	24
廃棄物処分場跡地	2	1	0	5	0	0	0	1	0	0	0	9
公園・運動場	0	0	0	0	8	1	0	0	0	1	0	10
道路	4	0	0	0	1	7	0	0	0	1	0	13
河川敷	0	0	0	0	0	0	0	0	0	0	0	0
農用地	2	0	1	1	0	1	0	4	0	0	0	9
山林	1	0	0	0	0	0	0	0	2	0	1	4
その他	3	1	1	0	1	4	0	0	0	19	1	30
不明	0	0	0	0	0	0	0	0	0	0	1	1
延べ回答数	336	114	83	9	18	29	1	8	3	48	8	657

（注）「工場・事業所敷地」にはサービス業も含む

●●● 土壌汚染対策法 ●●●

　平成15年2月15日、土壌汚染対策法が施行され、都道府県知事が土壌汚染で健康被害のおそれがあると認めた土地は、その土地の所有者等に土壌汚染調査を行わせ、基準に適合しない場合、指定区域に指定し、汚染除去を命令する等の措置が講じられることになった。この法律の施行により、今後、土壌汚染対策が大幅に増加するといわれている。

土壌汚染対策法のしくみ

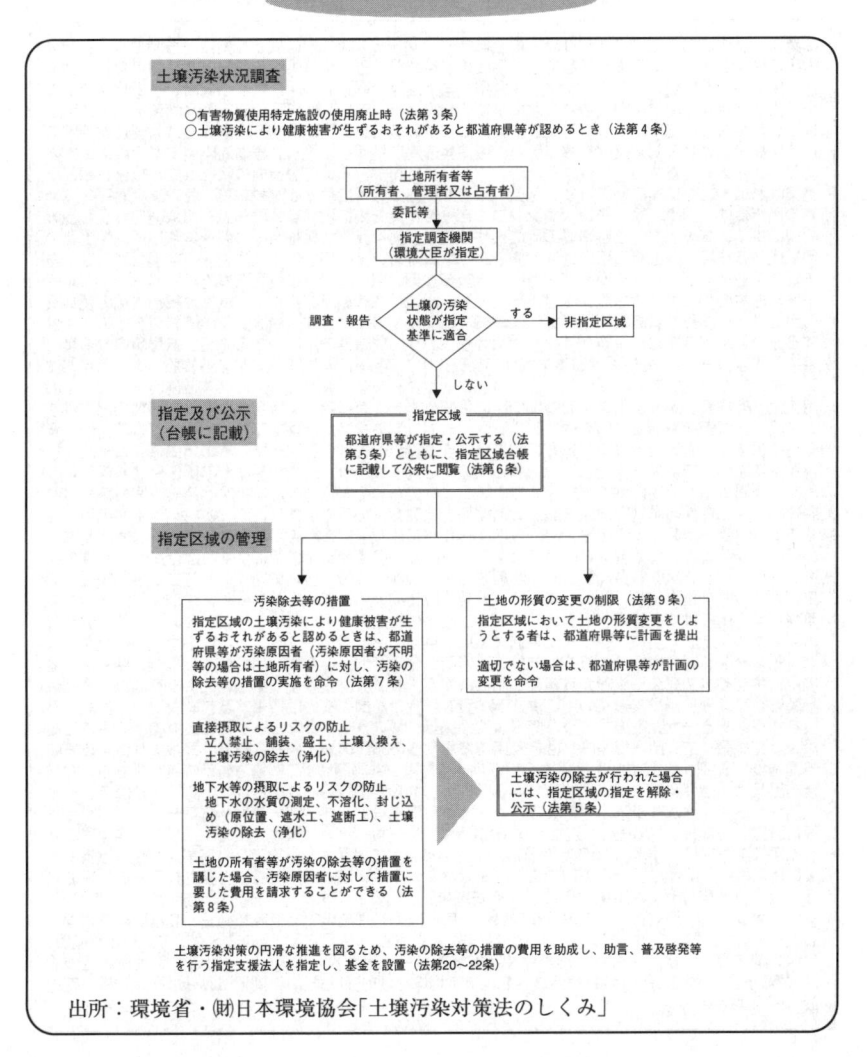

土壌汚染状況調査
- 有害物質使用特定施設の使用廃止時（法第3条）
- 土壌汚染により健康被害が生ずるおそれがあると都道府県等が認めるとき（法第4条）

土地所有者等
（所有者、管理者又は占有者）
↓ 委託等
指定調査機関
（環境大臣が指定）
↓ 調査・報告
土壌の汚染状態が指定基準に適合
→ する → 非指定区域
→ しない

指定及び公示（台帳に記載）

指定区域
都道府県等が指定・公示する（法第5条）とともに、指定区域台帳に記載して公衆に閲覧（法第6条）

指定区域の管理

■汚染除去等の措置
指定区域の土壌汚染により健康被害が生ずるおそれがあると認めるときは、都道府県等が汚染原因者（汚染原因者が不明等の場合は土地所有者等）に対し、汚染の除去等の措置の実施を命令（法第7条）

直接摂取によるリスクの防止
　立入禁止、舗装、盛土、土壌入換え、土壌汚染の除去（浄化）

地下水等の摂取によるリスクの防止
　地下水の水質の測定、不溶化、封じ込め（原位置、遮水工、遮断工）、土壌汚染の除去（浄化）

土地の所有者等が汚染の除去等の措置を講じた場合、汚染原因者に対して措置に要した費用を請求することができる（法第8条）

■土地の形質の変更の制限（法第9条）
指定区域において土地の形質変更をしようとする者は、都道府県等に計画を提出
適切でない場合は、都道府県等が計画の変更を命令

⇒ 土壌汚染の除去が行われた場合には、指定区域の指定を解除・公示（法第5条）

土壌汚染対策の円滑な推進を図るため、汚染の除去等の措置の費用を助成し、助言、普及啓発等を行う指定支援法人を指定し、基金を設置（法第20～22条）

出所：環境省・(財)日本環境協会「土壌汚染対策法のしくみ」

●●● 対象となる施設 ●●●

　土壌汚染対策法の対象になる施設は、水質汚濁防止法に規定する特定施設のうち、特定有害物質を製造し、使用し、または処理するものであり、有害物質使用特定施設と呼ばれる。特定施設であっても有害物質（土壌汚染対策法第2条で定める26項目）を扱っていなければ有害物質使用特定施設ではなく、土壌汚染対策法第3条での調査義務は発生しない。

水質汚濁防止法の特定施設の例

鉱業又は水洗炭業の用に供する施設、畜産農業又はサービス業の用に供する施設、畜産食料品製造業の用に供する施設、水産食料品製造業の用に供する施設、野菜又は果実を原料とする保存食料品製造業の用に供する施設、みそ、しょう油、食用アミノ酸等の製造業の用に供する施設、小麦粉製造業の用に供する洗浄施設、砂糖製造業の用に供する施設、パン若しくは菓子の製造業又は製あん業の用に供する粗製あんの沈でんそう、米菓製造業又はこうじ製造業の用に供する洗米機、飲料製造業の用に供する施設、動物系飼料又は有機質肥料の製造業の用に供する施設、動植物油脂製造業の用に供する施設、イースト製造業の用に供する施設、でん粉又は化工でん粉の製造業の用に供する施設、ぶどう糖又は水あめの製造業の用に供する施設、めん類製造業の用に供する湯煮施設、豆腐又は煮豆の製造業の用に供する湯煮施設、インスタントコーヒー製造業の用に供する抽出施設、冷凍調理食品製造業の用に供する施設、たばこ製造業の用に供する施設、紡績業又は繊維製品の製造業若しくは加工業の用に供する施設、洗毛業の用に供する施設、化学繊維製造業の用に供する施設、一般製材業又は木材チップ製造業の用に供する湿式パーカー、合板製造業の用に供する接着機洗浄施設、パーティクルボード製造業の用に供する施設、木材薬品処理業の用に供する施設、パルプ、紙又は紙加工品の製造業の用に供する施設、新聞業、出版業、印刷業又は製版業の用に供する施設、化学肥料製造業の用に供する施設、水銀電解法によるか性ソーダ又はか性カリの製造業の用に供する施設、無機顔料製造業の用に供する施設、前2号に掲げる事業以外の無機化学工業製品製造業の用に供する施設、カーバイド法アセチレン誘導品製造業の用に供する施設、コールタール製品製造業の用に供する施設、発酵工業の用に供する施設、メタン誘導品製造業の用に供する施設、有機顔料又は合成染料の製造業の用に供する施設、合成樹脂製造業の用に供する施設、合成ゴム製造業の用に供する施設、有機ゴム薬品製造業の用に供する施設、合成洗剤製造業の用に供する施設、その他の石油化学工業の用に供する施設、石けん製造業の用に供する施設、硬化油製造業の用に供する施設、脂肪酸製造業の用に供する蒸りゅう施設、香料製造業の用に供する施設、ゼラチン又はにかわの製造業の用に供する施設、写真感光材料製造業の用に供する感光剤洗浄施設、天然樹脂製品製造業の用に供する施設、木材化学工業の用に供するフルフラール蒸りゅう施設、その他の有機化学工業製品製造業の用に供する施設、医薬品製造業の用に供する施設、火薬製造業の用に供する洗浄施設、農薬製造業の用に供する混合施設、試薬の製造業の用に供する試薬製造施設、石油精製業の用に供する施設、自動車用タイヤ等ゴム製品製造業の用に供する直接加流施設、医療、衛生用ゴム製品製造業の用に供するラテックス成形型洗浄施設、皮革製造業の用に供する施設、ガラス又はガラス製品の製造業の用に供する施設、セメント製品製造業の用に供する施設、生コンクリート製造業の用に供するバッチャープラント、中小企業等金融業、人造黒鉛電極製造業の用に供する成型施設、政府関係金融機関、砕石業の用に供する施設、砂利採取業の用に供する水洗式分別施設、鉄鋼業の用に供する施設、非鉄金属製造業の用に供する施設、金属製品製造業又は機械器具製造業の用に供する施設、空きびん卸売業の用に供する自動式洗びん施設、石炭を燃料とする火力発電施設のうち廃ガス洗浄施設、ガス供給業又はコークス製造業の用に供する施設、水道業、工業用水道施設又は自家用工業用水道の施設の浄水施設、酸又はアルカリによる表面処理施設、電気めっき施設、旅館業の用に供する施設、共同調理場に設置されるちゅう房施設、弁当仕出屋又は弁当製造業の用に供するちゅう房施設、飲食店に設置されるちゅう房施設、そば店、うどん店、すし店のほか、喫茶店等に設置されるちゅう房施設、料亭、バー、キャバレー、ナイトクラブ等に設置されるちゅう房施設、洗たく業の用に供する洗浄施設、写真現像業の用に供する自動式フィルム現像洗浄施設、病院で病床数が300以上であるものに設置される施設、と畜業又は死亡獣畜取扱業の用に供する解体施設、中央卸売市場に設置される施設、地方卸売市場に設置される施設、廃油処理施設、自動車分解整備事業の用に供する洗車施設、自動式車両洗浄施設、科学技術に関する研究、試験、検査又は専門教育の用に供する施設、一般廃棄物処理施設である焼却施設、産業廃棄物処理施設、TCE、PCE又はジクロロメタンによる洗浄施設、TCE、PCE又はジクロロメタンの蒸りゅう施設、し尿処理施設、下水道終末処理施設、特定事業場から排出される水の処理施設、指定地域特定施設（し尿浄化槽201～500人槽）、湖沼法みなし指定地域特定施設（病院）、湖沼法みなし指定地域特定施設（し尿浄化槽）

●●● 対象となる有害物質 ●●●

土壌汚染対策法で対象となる特定有害物質の指定基準と主な用途を以下に示す。

特定有害物質の指定基準と主な用途

	物質名	直接摂取によるリスク 土壌含有量基準 土壌1kg当り	地下水等の摂取によるリスク 土壌溶出量基準 検液1ℓ当り	主な用途
第一種特定有害物質（揮発性有機化合物）	四塩化炭素	−	0.002mg以下	フロンガス原料、溶剤
	1,2-ジクロロエタン	−	0.004mg以下	溶剤、塩化ビニルモノマー原料
	1,1-ジクロロエチレン	−	0.02mg以下	ポリ塩化ビニリデン原料
	シス-1,2-ジクロロエチレン	−	0.04mg以下	溶剤
	1,3-ジクロロプロペン	−	0.002mg以下	農薬(土壌燻蒸剤)
	ジクロロメタン	−	0.02mg以下	溶剤
	テトラクロロエチレン	−	0.01mg以下	脱脂洗浄剤、ドライクリーニング溶剤
	1,1,1-トリクロロエタン	−	1mg以下	金属洗浄剤、ドライクリーニング溶剤
	1,1,2-トリクロロエタン	−	0.006mg以下	溶剤、塩化ビニリデン原料
	トリクロロエチレン	−	0.03mg以下	脱脂洗浄剤、溶剤
	ベンゼン	−	0.01mg以下	工業用原料、ガソリン中に混入
第二種特定有害物質（重金属等）	カドミウム及びその化合物	150mg以下	0.01mg以下	顔料、ニッカド電池、メッキ、合金、安定剤
	六価クロム化合物	250mg以下	0.05mg以下	触媒、メッキ、染料、製革
	シアン化合物	遊離シアンとして50mg以下	検出されないこと	精錬、メッキ、金属表面処理
	水銀及びその化合物	15mg以下	0.0005mg以下であり、かつアルキル水銀が検出されないこと	電池、蛍光灯、触媒、医薬品、農薬
	セレン及びその化合物	150mg以下	0.01mg以下	ガラス、窯業、半導体材料
	鉛及びその化合物	150mg以下	0.01mg以下	鉛管、蓄電池、顔料、合金
	砒素及びその化合物	150mg以下	0.01mg以下	半導体材料、木材防腐剤、殺鼠剤
	ふっ素及びその化合物	4,000mg以下	0.8mg以下	防腐剤、殺虫剤、冷媒、ガラス
	ほう素及びその化合物	4,000mg以下	1mg以下	脱酸剤、ガラス、セラミック
第三種特定有害物質（農薬等）	シマジン	−	0.003mg以下	農薬(除草剤)
	チウラム	−	0.006mg以下	農薬(殺菌剤)
	チオベンカルブ	−	0.02mg以下	農薬(除草剤)
	ポリ塩化ビフェニル(PCB)	−	検出されないこと	トランス、コンデンサー、熱媒体、複写紙
	有機りん化合物	−	検出されないこと	農薬（殺虫剤）〔パラチオン、メチルパラチオン、メチルジメトン、EPN〕

事例 重金属汚染土壌処理プラント事業への進出

平成15年度国土交通省「地域における建設産業再生のための先導的・革新的モデル事業」採択

太平産業㈱、愛知県、資本金3,300万円、従業員40名

●事業概要

　建設汚泥の中間処理事業を営んでいるが、建設投資の減少に伴い、シールド工事、杭基礎工事等から排出される建設汚泥量が減少し、現在、厳しい経営環境におかれている。このため、新たな収益源を求め、本施設を重金属汚染土壌の中間処理・再資源化ができる施設に改良（増設）し、土壌汚染対策ビジネスに参入することを決めた。

　重金属汚染土壌処理事業進出における優位性は、①すでに建設汚泥中間処理施設を保有し、重金属汚染土壌処理・再資源化プラントの建設が比較的容易であること、②汚泥・残土処理の技術・ノウハウを保有していること、③事業対象地域における独自の営業情報ネットワークを保有していること等があげられる。

　プロジェクトの実施体制としては、自社に不足する技術・ノウハウを補完するため、社外の当該分野の技術者等で構成するプロジェクト検討委員会を設置し、事業化検討調査を行い、採算が見込める事業であることを確認するとともに、事業化の課題を明らかにした。

　特に、国内でのプラント稼動事例が乏しく（平成15年度末時点2事例）、実用化・事業化に向けての技術的な課題が多く、公的助成制度を活用し、それらの解決策について研究開発を促進しようとしている。

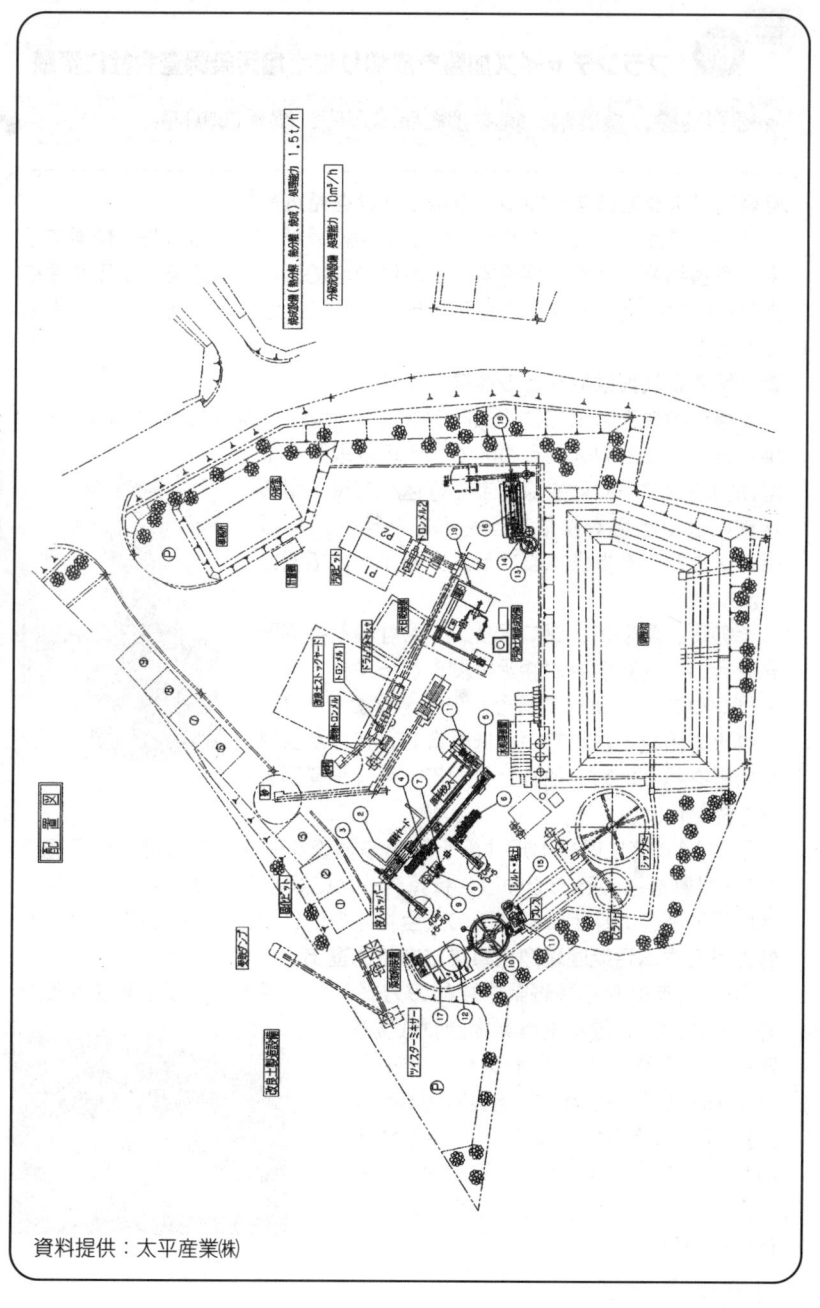

汚染土壌処理プラント併設配置図（構想案）

資料提供：太平産業㈱

事例 フランチャイズ加盟を皮切りに土壌汚染調査会社に変貌

㈱細野建設、長野県、資本金4,000万円、従業員30名

● **経営リスクを踏まえつつ、市場の伸びを見込んだ進出**

初期投資が少なく、これまでの土木の経験が生かせる分野を模索する中、有害物質による土壌汚染判明事例が増加し、土壌汚染による健康被害などに対し社会的な関心が集まっていたことから、土壌汚染調査事業に進出した。

● **不足する技術は他社との連携で補完**

土壌汚染調査はSCSC（Soil Check Simplification Consortium）式土壌汚染調査法と呼ばれるもので、土壌採取管を小型動力ハンマーで対象深度まで打込んだ後、引抜き機により土壌を採取するものである。この技術・ノウハウを提供するフランチャイズに加盟した。

その後、環境エンジニアリング会社等と共同開発を行い、調査現場で油汚染調査から浄化・モニタリングまで一貫して行う体制を整えた。また、これまで困難とされていた低騒音で迅速なサンプル採取を行うため、他社と共同で土壌・地質調査機を開発した。

平成14年度には約100件の土壌汚染調査を受注し、会社全体の売上高の約1割を占めるまで伸び、採算ベースに乗っている。平成15年には土壌汚染調査の指定調査機関の大臣指定を受け、更なる受注拡大を狙う。

● **カドミウム汚染圃場浄化事業に本格的進出**

平成14年度から長野県白馬村のカドミウム汚染米問題を解決するため、九州大学、福岡県農業総合試験場等と連携し、天然資源（ゼオライト、消石灰、風化火山灰等）を用いた重金属汚染土壌改良技術であるシーリングソイル工法を用い、カドミウム汚染圃場の改良試験を行い一定の成果を上げている。その他の試験も行っている。

資料提供：㈱細野建設

3．エネルギー

エネルギー分野も今後大きく市場が成長するといわれている。

わが国のエネルギー消費の動向は上昇傾向にあり、社会経済を維持しつつ地球温暖化対策等の環境対策を進めていくためには、省エネルギーおよびエネルギーリサイクルの推進が不可欠である。

エネルギー消費の推移

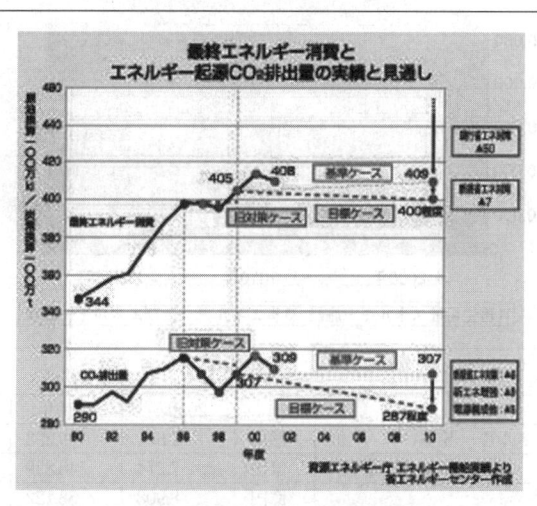

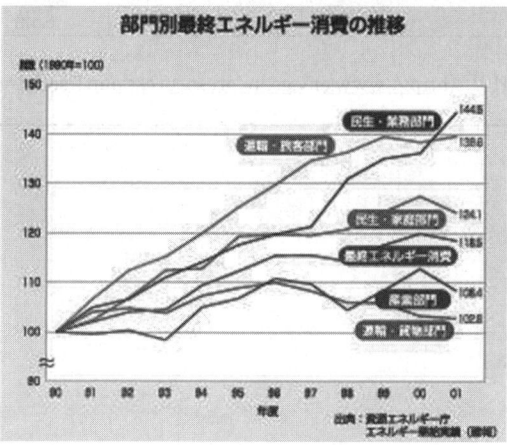

出所：省エネルギーセンターＨＰ　http://www.eccj.or.jp/profile/04/index.html

環境省の推計によると、省エネルギーおよびエネルギーリサイクル分野の市場規模は、2002年で合わせて8,900億円であったものが、2010年には5.8兆円と6.5倍に膨らみ、2020年には8.8兆円と約10倍に急成長すると予測されている。

環境ビジネスの市場規模及び雇用規模の推計結果（調査年：平成14年）

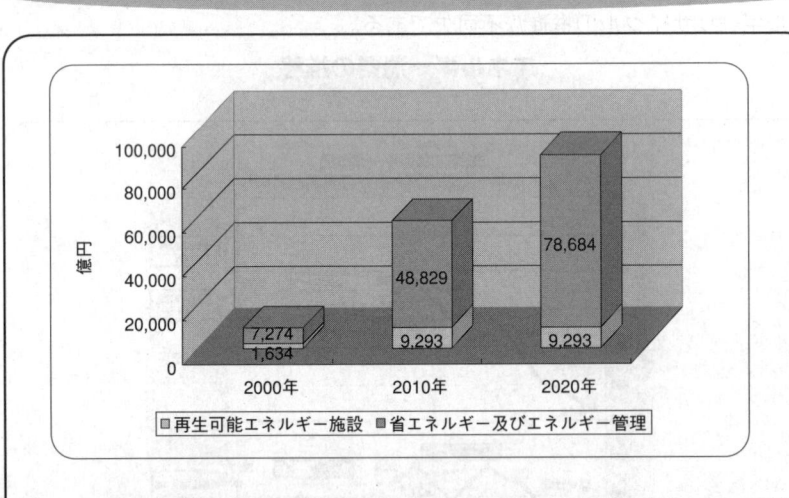

		2000年	2010年	2020年
再生可能エネルギー施設	億円	1,634	9,293	9,293
省エネルギー及びエネルギー管理	億円	7,274	48,829	78,684
合計	億円	8,908	58,122	87,977
対2000年比		−	6.5倍	9.9倍

資料：環境省ＨＰ（http://www.env.go.jp/press/press.php3?serial=4132）より作成

1-2 環境分野を深耕しよう 69

これからの省エネルギー対策として、様々な公的施策、支援事業が整備されてきている。

今後の省エネルギー対策

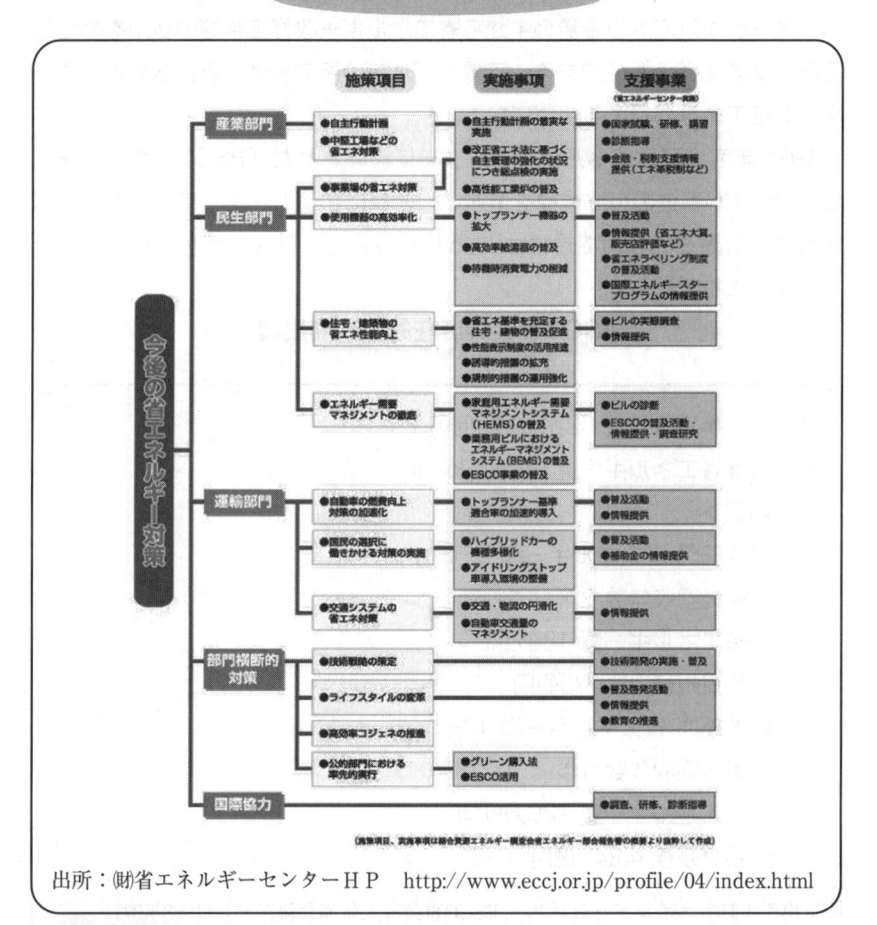

(図：今後の省エネルギー対策の体系図。施策項目・実施事項・支援事業（省エネルギーセンター実施）の3列構成で、産業部門、民生部門、運輸部門、部門横断的対策、国際協力の各部門について整理されている)

産業部門
- 自主行動計画
- 中長期工場などの省エネ対策
- 事業場の省エネ対策

民生部門
- 使用機器の高効率化
- 住宅・建築物の省エネ性能向上
- エネルギー需要マネジメントの徹底

運輸部門
- 自動車の燃費向上対策の加速化
- 国民の選択に働きかける対策の実施
- 交通システムの省エネ対策

部門横断的対策
- 技術開発の策定
- ライフスタイルの変革
- 高効率コジェネの推進
- 公的部門における率先的実行

国際協力

出所：㈶省エネルギーセンターＨＰ　http://www.eccj.or.jp/profile/04/index.html

🖥 クリック！

☆㈶省エネルギーセンターからの情報提供

　㈶省エネルギーセンターのＨＰ（http://www.eccj.or.jp/）では、ビル、工場、生活、交通の省エネそれぞれについて、診断方法、省エネの方法を説明したガイドブック、省エネ事例（省エネの概要、経費縮減額等）が掲載されている。また、省エネデータベースの整備や、省エネに関する各種書籍の紹介も充実している。

●●● ESCO事業 ●●●

　ESCO事業とは、工場やビルに対し省エネルギー改修工事等を行うことにより、得られる省エネルギー効果（光熱費のコストダウン等）を保証し、そのコストダウンできる金額の中から省エネルギー改修工事等の費用を賄う仕組みで事業を行うものである。工場・ビル等の所有者は、負担なく省エネルギー改修工事等が行えるようになる。

　1997年度、㈶省エネルギーセンターに設置された「ESCO事業導入研究会」がESCO事業の市場規模を予測し、それによると、業務部門・産業部門を合計した潜在的な市場規模は2兆5,000億円と、巨大な市場に成長することが見込まれている。

ESCO事業の潜在的な市場規模

潜在的工事投資規模：2兆4,715億円
原油換算省エネルギー量：404万kl/年
　＜内訳＞
　・業務部門 省エネルギー率 25%
　　　単純回収年数 7年
　　　省エネルギー量 184万kl/年
　　　投資規模 2兆475億円
　・産業部門 省エネルギー率 10%
　　　単純回収年数 4年
　　　省エネルギー量 220万kl/年
　　　投資規模 4,240億円

出所：㈶省エネルギーセンター「ESCO事業導入研究会報告書」（1998年3月）

🖱クリック！

☆㈶省エネルギーセンターからの情報提供
　ESCO事業の特徴、導入事例及び国の支援策等については、㈶省エネルギーセンターのＨＰ（http://www.eccj.or.jp/esco/）に詳しい内容が掲載されている。

●●● 京都議定書の発効 ●●●

　平成9年、京都で開催された気候変動枠組条約第3回締約国会議（COP3）で採択された、地球温暖化防止のため二酸化炭素（CO_2）など温室効果ガスの削減を義務づけた京都議定書が平成17年2月16日に発効された。2008年から2012年までの間に、わが国は温室効果ガスの排出量を1990年比で6％削減することとなった。

　しかし、わが国の排出量は、業務部門（オフィス、大規模商業施設、ホテル、病院等）のエネルギー消費量の著しい増加等により、平成15年現在（速報値）、逆に8％増えており、目標達成には14％削減する必要がある。削減目標が達成できない場合、2013年以降の排出枠が減らされる。

　省エネルギー対策の強化が急務である。

最終エネルギー消費の推移と見通し

部門別最終エネルギー消費（原油換算）

（単位：原油換算百万kL）

年度 項目	1990	構成比%	2002※1	構成比%	2010 現行対策推進	構成比%	2010 追加対策	構成比%
産業	183	52.5	195	47.2	187	46	187程度	46程度
民生	85	24.4	119	28.8	123	30	118程度	29程度
家庭	46	13.3	55	13.3	58	14	55程度	14程度
業務	39	11.2	64	15.5	65	16	63程度	16程度
運輸	80	23	99	24	101	25	97程度	24程度
旅客	38	11	61	14.8	62	15	60程度	15程度
貨物	42	12.1	38	9.2	39	10	37程度	9程度
合計	349	100	413	100	411	100	402程度	100

出所：資源エネルギー庁「2002年度エネルギー需給実績ポイント」

朝日新聞ニュースより（平成17年2月26日付）

温室効果ガス排出量、企業に報告義務　改正案概要固まる

　政府は、今国会に提出する地球温暖化対策推進法改正案の概要を固めた。16日に発効した京都議定書が定める温室効果ガスの削減目標達成へ向け、経済界の積極的な対応を促すため、一定規模以上の企業に温室効果ガスの年間排出量の報告を義務づけ、内容を公表する。06年4月の改正法施行を目指す。

　法案では、産業、運輸、民生・業務各部門の一定規模以上の企業を「特定排出者」として報告義務・公表対象にする。営業所など事業所単位（運輸部門は事業者単位）で二酸化炭素（CO_2）やメタン、代替フロン類など6種類の温室効果ガスごとに毎年度算定し、所管官庁に報告しなければならない。

　企業規模は、省エネルギー法でエネルギー使用量などの報告を義務づけている基準を適用し、年間の燃料使用量が原油換算で1500キロリットル以上、同電力使用量が600万キロワット時以上の大規模〜中規模事業所とする方向で、計約1万3000社になる。企業規模など詳細は政令で定める。

　排出量は統一した基準で算定する。メーカーが一定量以上の製品を作ったり、運輸業者が一定の距離を運んだりする際に排出される温室効果ガスの量（原単位）があって、こうした単位が基礎になる。

　報告された排出量情報は業界を所管する省庁が企業別、業種別、都道府県別に集計。環境、経済産業両省がまとめる。情報は請求があれば、原則公開する。報告を怠ったり、虚偽報告したりした場合の罰則も盛り込む。

　ただ、企業秘密にかかわる場合などもあるため、環境相・経産相が認めれば6種類のガスの合計量を報告することができたり、非公開とするよう両省に求めたりできる規定も設ける。

　政府は、京都議定書発効を受け、02年に定めた温暖化対策推進大綱を、京都議定書目標達成計画に衣替えする作業を進めている。

　同計画は、産業が90年比8.6％減（02年実績で1.7％減）、運輸が同15.1％減（同20.4％減）、民生・業務が同15％減（同36.7％減）など、部門別に厳しい温室効果ガスの削減目標を課す方針。排出量報告制度で一段の排出削減・抑制を促す。

●●● バイオマスニッポン総合戦略 ●●●

　家畜の排泄物、食品加工残さ、生ごみ、木くず等、動植物から生まれた再生可能な有機性資源であるバイオマスを、エネルギーやたい肥に有効活用する動きが進展している。

　平成14年12月、農林水産省では、「バイオマス・ニッポン総合戦略」を策定し、バイオマスの利用促進のための国家プロジェクトを開始した。

バイオマスとは

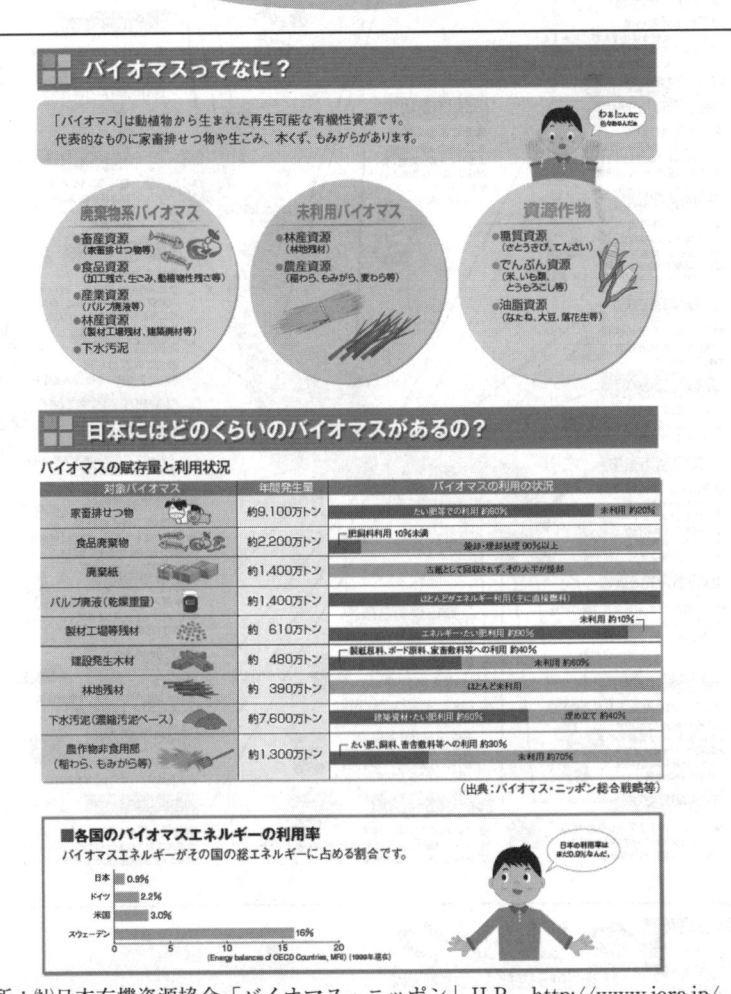

出所：㈳日本有機資源協会「バイオマス・ニッポン」HP　http://www.jora.jp/txt/katsudo/pdf/biomass_n.pdf

74　Step 1　新分野進出の芽を見つけよう！

バイオマスの全国利用事例

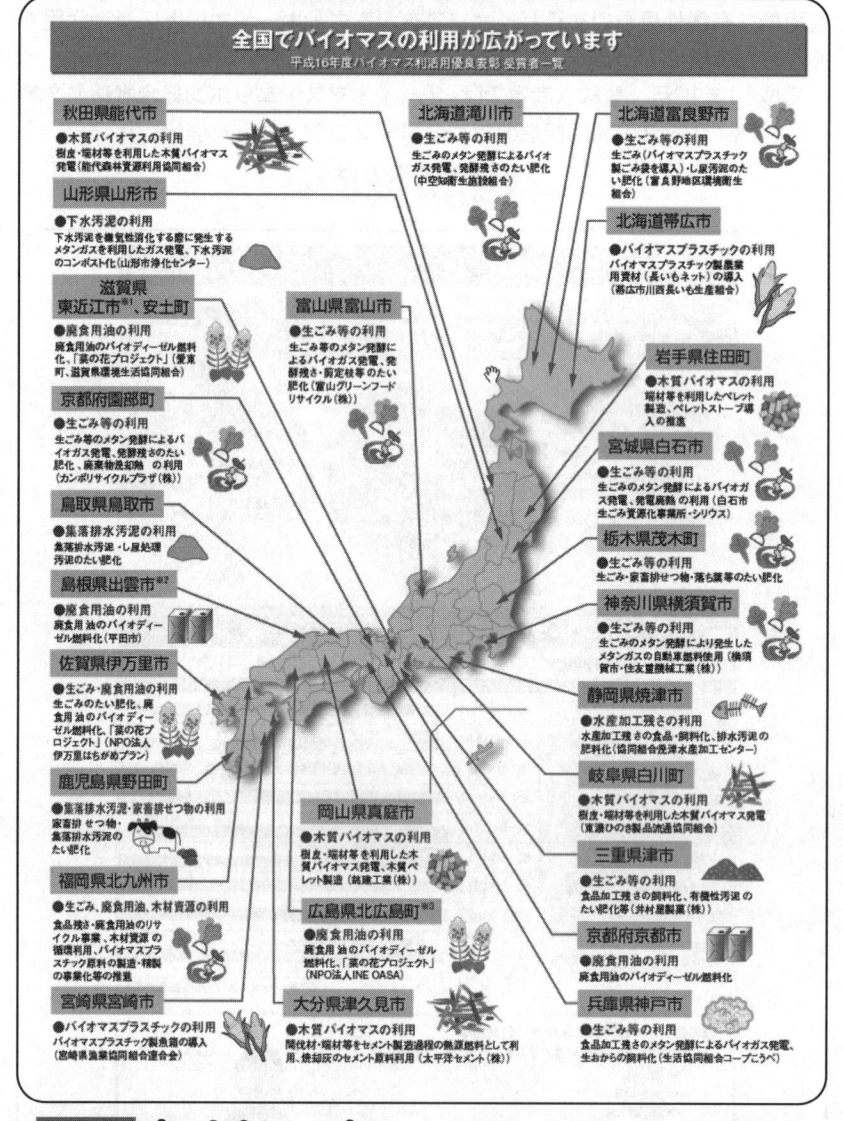

全国でバイオマスの利用が広がっています
平成16年度バイオマス利活用優良表彰 受賞者一覧

秋田県能代市
●木質バイオマスの利用
樹皮・端材等を利用した木質バイオマス発電（能代森林資源利用協同組合）

山形県山形市
●下水汚泥の利用
下水汚泥を嫌気性消化する際に発生するメタンガスを利用したガス発電、下水汚泥のコンポスト化（山形市浄化センター）

滋賀県東近江市※1、安土町
●廃食用油の利用
廃食用油のバイオディーゼル燃料化、「菜の花プロジェクト」（愛東町、滋賀県漁生活協同組合）

京都府園部町
●生ごみ等の利用
生ごみのメタン発酵によるバイオガス発電、発酵残さのたい肥化、廃棄物処和熟の利用（カンポリサイクルプラザ（株））

鳥取県鳥取市
●集落排水汚泥の利用
集落排水汚泥・し尿処理汚泥のたい肥化

島根県出雲市※2
●廃食用油の利用
廃食用油のバイオディーゼル燃料化（平田市）

佐賀県伊万里市
●生ごみ・廃食用油の利用
生ごみのたい肥化、廃食用油のバイオディーゼル燃料化、「菜の花プロジェクト」（NPO法人伊万里はちがめプラン）

鹿児島県野田町
●集落排水汚泥・家畜排せつ物の利用
家畜排せつ物・集落排水汚泥のたい肥化

福岡県北九州市
●生ごみ、廃食用油、木材資源の利用
食品残さのリサイクル事業、木材資源の循環利用、バイオマスプラスチック原料の製造・精製の事業化等の推進

宮崎県宮崎市
●バイオマスプラスチックの利用
バイオマスプラスチック製魚箱の導入（宮崎県漁業協同組合連合会）

北海道滝川市
●生ごみ等の利用
生ごみのメタン発酵によるバイオガス発電、発酵残さのたい肥化（中空知衛生施設組合）

富山県富山市
●生ごみ等の利用
生ごみ等のメタン発酵によるバイオガス発電、発酵残さ・剪定枝等のたい肥化（富山グリーンフードリサイクル（株））

岡山県真庭市
●木質バイオマスの利用
樹皮・端材等を利用した木質バイオマス発電、木質ペレット製造（銘建工業（株））

広島県北広島町※3
●廃食用油の利用
廃食用油のバイオディーゼル燃料化、「菜の花プロジェクト」（NPO法人INE OASA）

大分県津久見市
●木質バイオマスの利用
間伐材・端材等をセメント製造過程の熟源燃料として利用、焼却灰のセメント原料利用（太平洋セメント（株））

北海道富良野市
●生ごみ等の利用
生ごみ（バイオマスプラスチック製ごみ袋を導入）、し尿汚泥のたい肥化（富良野地区環境衛生組合）

北海道帯広市
●バイオマスプラスチックの利用
バイオマスプラスチック製農業用資材（長いもネット）の導入（帯広市川西長いも生産組合）

岩手県住田町
●木質バイオマスの利用
端材等を利用したペレット製造、ペレットストーブ導入の推進

宮城県白石市
●生ごみ等の利用
生ごみのメタン発酵によるバイオガス発電、発電廃熱の利用（白石市生ごみ資源化事業所・シリウス）

栃木県茂木町
●生ごみ等の利用
生ごみ・家畜排せつ物・落ち葉等のたい肥化

神奈川県横須賀市
●生ごみ等の利用
生ごみのメタン発酵により発生したメタンガスの自動車燃料使用（横須賀市・住友重機械工業（株））

静岡県焼津市
●水産加工残渣の利用
水産加工残さの食品・飼料化、排水汚泥の肥料化（協同組合焼津水産加工センター）

岐阜県白川町
●木質バイオマスの利用
樹皮・端材等を利用した木質バイオマス発電（東濃ひのき製品流通協同組合）

三重県津市
●生ごみ等の利用
食品加工残さの飼料化、有機性汚泥のたい肥化等（井村屋製菓（株））

京都府京都市
●廃食用油の利用
廃食用油のバイオディーゼル燃料化

兵庫県神戸市
●生ごみ等の利用
食品加工残さのメタン発酵によるバイオガス発電、生おからの飼料化（生活協同組合コープこうべ）

☆さらに詳しい情報は
「バイオマス情報ヘッドクォーター」（HP　http://www.biomass-hq.jp/）まで

事例　風力と太陽光のハイブリッド発電

平成16年度　国土交通省「地域における中小・中堅建設業の企業連携・新分野進出モデル構築支援事業」採択

工藤建設㈱、岩手県、資本金2,000万円、従業員38名

　大学、地場企業との共同研究等によりガイドベーン付クロスフロー型風車を利用した太陽光・風力ハイブリッド型発電装置を開発（特許と意匠登録申請）。既に、道の駅や小学校、病院、一般家庭への設置実績がある。

〈クロスフロー型風車のしくみ〉

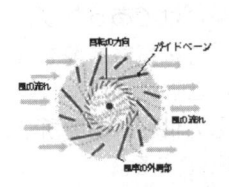

クロスフロー型風車とは、たて軸の円柱形の周囲にたくさんの羽根がついた風車です。今までは、風向きが一定でないとうまく回らず、効率が悪いという問題がありました。この問題を解決するために、このほど開発された新技術がガイドベーンです。ガイドベーンとは、クロスフロー型風車の効率を上げるための風の誘導板です。可動式になっており、台風などの強風時には角度を調節して風車の安全を守ります。

　クロスフロー型風車はガイドベーンの取り付けにより発電効率が上がり、低速風域でも発電できるようになった。プロペラがないので静かで場所もとらず、都心部での使用も可能である。また、太陽光発電装置を並置してハイブリッド型とし、双方の欠点を補っている。
　国土交通省「地域における中小企業の新分野進出モデル支援調査事業」に採択され、地域の中小・中堅建設業との新分野進出への共同研究を公的な助成金を活用しながら取り組んでいる。

安全で地球に優しい風力・太陽光のハイブリッド発電方式
・１つの風力発電機とソーラーパネルで18W照明灯6基同時点灯
・国内の省エネルギー意識向上と地球温暖化防止対策への貢献を目指す

資料提供：工藤建設㈱

事例 固体高分子型燃料電池を用いた各種電源装置の開発

平成16年度　国土交通省「地域における中小・中堅建設業の企業連携・新分野進出モデル構築支援事業」採択

㈱バンテック、栃木県、資本金3,000万円、従業員53名

●事業概要

　これまでの自然エネルギー発電の課題であった電力供給の不安定さを解消し、必要に応じて水素発生器で作られ貯蔵した低圧の水素を使った燃料電池により、安定的に電力の供給が可能な自然エネルギー利用型小型分散型発電システムを開発した。

　2000年3月、電力小売が部分的に自由化され、それまでは大規模発電施設と送配電網を使った電力供給だけであったが、現在では電力消費地の近くに電源設備を設置し、経済的に電気や熱を供給する分散型発電という方式が導入され、新しい市場として注目され始めた。これまでの主流である大規模・集中型による電力供給は発電所から需要地までの送電ロスがあり、発電効率は30％前後である。

　当グループが業際連携で製品化している小型分散型発電システムは、このようなムダをなくすだけでなく、ユーザーに自然エネルギーによる低コストな供給源を提供できる。

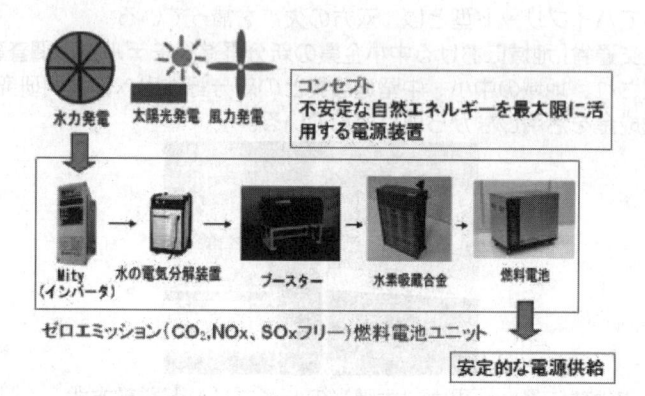

コンセプト
不安定な自然エネルギーを最大限に活用する電源装置

水力発電　太陽光発電　風力発電
↓
Mity（インバータ）→ 水の電気分解装置 → ブースター → 水素吸蔵合金 → 燃料電池

ゼロエミッション（CO_2、NOx、SOxフリー）燃料電池ユニット
→ 安定的な電源供給

●地域ニーズへの対応

　平成16年12月、水の豊富な日光の麓の街、今市市にある杉並木公園において自然エネルギーを活用する燃料電池システムの実証実験を行

い、水車（自然エネルギー）を利用して燃料電池が稼動することを確認した。

杉並木公園自然エネルギー利用プロジェクト
栃木県今市市杉並木公園

● 戦略的な業際連携
　開発にあたっては、以下のとおり、異業種企業との連携を行った。また、大学の研究室の技術協力も仰いだ。

企業・機関名	所在地	当該事業における役割など
株式会社バンテック	栃木県	幹事企業 電源、及び水素の供給方法の設計を含めた製品設計、組立
鈴木電機株式会社	栃木県	試作機実装稼動、据付工事
株式会社　オクノ	広島県	水素ガス発生器、コンプレッサー供給（建設用） 水素ガス供給のノウハウ提供
株式会社 キュー・エム・ソフト	福岡県	燃料電池供給 (2,7,10kW)
中小企業診断士 工藤南海夫	東京都	事業支援者 評価検証担当者

資料提供：㈱バンテック

4．都市緑化

都市部の環境対策の柱である都市緑化も有望な分野である。

●●● 都市緑化の市場規模予測 ●●●

環境省の市場規模推計によると、都市緑化の市場規模は、2002年の1.50兆円が、2010年には1.57兆円、2020年には1.64兆円（対2000年比9.5％増）と、緩やかながら増加していくと予想されている。

環境ビジネスの市場規模及び雇用規模の推計結果（調査年：平成14年）

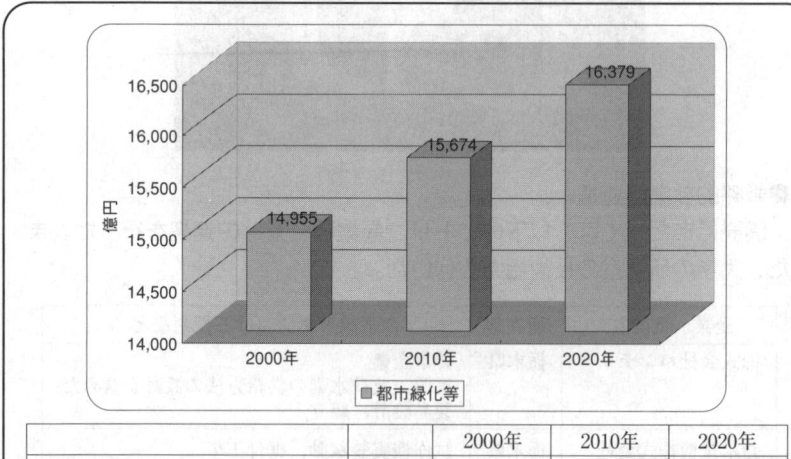

		2000年	2010年	2020年
都市緑化等	億円	14,955	15,674	16,379
対2000年比		－	4.8%	9.5%

資料：環境省ＨＰ（http://www.env.go.jp/press/press.php3?serial=4132）より作成

都市緑化の代表としては屋上緑化がある。現在、一定面積以上の大規模な建築物には屋上緑化を義務づける制度を設けている地方自治体もある。

🖥 クリック！

詳しくは、都市緑化技術開発機構ＨＰ http://www.greentech.or.jp/ 参照

このＨＰには、次表の他、①緑化基準に屋上緑化面積を算入する制度、②緑化にかかる費用の助成制度、③屋上緑化で建築容積率を割増する制度等をもつ地方自治体の一覧が掲載されている。

特殊空間緑化推進に関する諸制度一覧（一部抜粋）

特殊空間緑化の推進に関する諸制度

2003年9月26日(金)現在資料

1. 緑化を義務づけ普及推進を図る制度

(1) 屋上緑化を義務づけるもの

団体、窓口	施策・事業名称、概要
東京都 環境局 自然環境部保全課 市街地緑化係 TEL 03-5388-3554	<東京における自然の保護と回復に関する条例> 敷地面積1,000m²以上の民間施設および250m²以上の公共施設を対象に、新築等の機会に、原則として、敷地面積から建築面積を差し引いた面積の2割以上、人の出入りおよび利用可能な屋上面積の2割以上の緑化を義務化。 ●平成13年4月
板橋区 土木部 みどりと公園課 みどりの係 TEL 03-3579-2533	<板橋区緑化の推進に関する条例> 事業面積が民間350m²、公共250m²以上（ただし区施設は全施設）の建築計画等を対象に地上部の緑化に加え、建築物の屋上部に緑化可能面積の2割の緑化の義務化。 ●平成14年4月
渋谷区 環境清掃部 環境保全課緑化推進 TEL 03-3463-1211	<渋谷区みどりの確保に関する条例> 300m²以上の敷地においては新築および増改築の建築物に対して緑化計画書の作成と届け出および緑化完了届の義務化。 ●平成13年10月
品川区 まちづくり事業部 道路公園課みどりの係 TEL 03-5742-6799	<品川区みどりの条例・同施行規則> 敷地面積1,000m²以上の民間施設（公共施設は250m²以上）の建築行為に対し、建築面積の2割（総合設計制度等は建築面積の3割）の建物屋上緑化を義務化。 ●平成14年10月
新宿区 環境土木部 道とみどりの課みどりの係 TEL 03-5273-3924	<新宿区みどりの条例：緑化計画書制度> 敷地面積1,000m²以上で建築行為等を行う場合、地上部の緑化のほかに建築物上の緑化を義務化。 ●平成13年7月
兵庫県 県土整備部 県土企画局(都市政策担当) 付化担当 TEL 078-341-7711(内2758)	<環境の保全と創造に関する条例> 市街化区域で建築面積1,000m²以上の新築建物に建築物の緑化（利用可能な屋上面積の20%以上）を義務化。 ●平成14年10月

出所：都市緑化技術開発機構ＨＰ　http://www.greentech.or.jp/02/02a/inst/inst.html

80　Step 1　新分野進出の芽を見つけよう！

●●● 屋上緑化の事例 ●●●
都市緑化技術開発機構主催　屋上・壁面・特殊緑化技術コンクール受賞作品より

●都市緑化技術開発機構理事長賞（特別賞）

屋上緑化部門
屋上天国™の家　空飛ぶ庭園

＜所在地＞
大阪府寝屋川市

＜受賞者＞
(株)宮本ハウス工業
(株)東邦レオ
畠山木材商工(株)
(有)時空プランニング

　屋上天国™の家　空飛ぶ庭園は、木造の傾斜屋根を有する典型的な一戸建て住宅に屋上緑化を設けた事例である。通常の勾配屋根を陸屋根に改造することで、小さな個人住宅の屋上に「空中庭園」を設け、居住者の癒しの空間となる屋上庭園を創出している。
　こうした陸屋根化にあたって一番の懸案である雨漏り防止と軽量化に技術的工夫がなされる他、自動灌水システム導入や採用植物の工夫により維持管理の省力化が図られている。

屋上緑化部門
サンセール香里園　屋上センサリーガーデン

＜所在地＞
大阪府寝屋川市

＜受賞者＞
松下介護サービス(株)
ESC(有)

　サンセール香里園は福祉施設の緑化として、4階の屋上に景観を重視したみどりの導入だけでなく、老人ホーム入居者を中心に誰もが関われる「楽しいみどり」を目指し整備された。
　活用できる屋上緑化を構築するため、ハード面ではユニバーサルデザインを採用し、ソフト面ではケアガーデンプログラム(園芸療法)やワークシェアリングを実施している。また、定期的な屋上の温度計測を行い、省エネルギー効果の確認や園芸療法によるストレス緩和効果の測定を行うなど、緑化施設の効果の有効性を検証している。これからの福祉施設のあり方を示す好事例である。

出所：都市緑化技術開発機構ＨＰ　http://www.greentech.or.jp/01/prize/2003/index.html

5．河川の環境保全

河川の環境保全では多自然型の川づくりが注目されている。ポーラスコンクリートを用いた多自然型の護岸工事への進出事例が見受けられる。

事例　ポーラスコンクリートによる多自然型護岸の形成

佐藤道路㈱、東京都、資本金8億円、従業員454名

＜ポーラスコンクリート（長期植生期待型）＞

道路工事専門の会社が、舗装技術を応用し、大学教授の指導の下、独自の材料と、工期を大幅に短縮できる連続機械化施工法を開発。道路工事専門の会社の名刺をもって河川工事の営業をするのは、多くの苦労もあったが、長年の努力を積み重ね、徐々に理解されていったとしている。

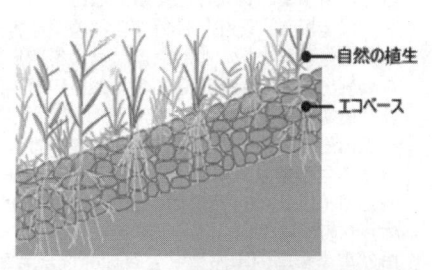

― 自然の植生
― エコベース

完成後約6ヶ月　　完成後約1.5年　　完成後約3年

資料提供：佐藤道路㈱

ひとくちmemo

○ポーラスコンクリートとは
　連続した空隙を多く持つコンクリートで、空隙を利用して植物が成長し生物が生息、ハビタットを創出し、河川護岸の「法面保護」と「生物との共生・環境保全」の両立ができるもの。

クリック！

☆多自然型の川づくりの事例は、㈶リバーフロント整備センターＨＰ参照のこと。
http://www.rfc.or.jp/kawa/kawa_f.html

6．自然再生事業

　国土保全の大きな柱として自然環境の再生が注目されている。戦後、大量生産、大量消費、大量廃棄型の社会経済活動の増大に伴い損なわれた自然環境を積極的に取り戻すことが求められている。

　平成15年1月、自然再生推進法が施行され、同年4月、自然再生に関する施策を総合的に推進するための基本方針が決定された。今後、中小・中堅建設業者は、建設工事の専門家として地域の多様な主体と連携を図り、地域の自然環境を再生する事業に構想・計画段階から積極的に参画することによってビジネスチャンスを見出していく戦略が必要になる。

自然再生推進法に基づく自然再生事業

①自然再生事業の対象となる事業とは
　a．保全事業：現在、良好な自然環境を維持する事業
　b．再生事業：損なわれた自然環境を取り戻す事業
　c．創出事業：大都市などの地域に自然生態系を取り戻す事業
　d．維持管理：再生された自然環境の状況をモニタリング・維持・管理する事業

②自然再生協議会等の設置による事業の推進
・自然再生事業は、構想・計画段階では、国や地方公共団体が主導ではなく、地域のNPO法人や自然環境保護の専門家等が主体となり、そこに国や地方公共団体が参画するというこれまでにない方式で事業が推進されていく。
・自然再生事業の実施者（公有地の場合は国・地方公共団体等）は、地域住民、NPO法人、自然環境に関する専門家、関係行政機関等とともに自然再生協議会を組織する。
　この協議会が、自然再生事業の全体構想を立案し、実施者は、自然再生基本方針およびこの協議会での協議結果等を踏まえ自然再生事業実施計画を作成する。この計画に基づき自然再生事業が開始される。

③公的支援体制
・支援体制として、現在、環境省、農林水産省、国土交通省の出先機関等に相談窓口を設置。また、この3省と関係行政機関からなる自然再生推進会議が設けられている。
・環境省地方出先機関相談窓口一覧HP
　http://www.env.go.jp/nature/saisei/law-saisei/press/madoguchi.pdf

🖱 クリック！

☆自然再生事業に関する情報提供
○自然再生推進法について（環境省HP）
　http://www.env.go.jp/nature/saisei/Alamashi/html/index.html
○自然再生事業について（環境省生物多様性センターHP）
　http://www.biodic.go.jp/saisei/index.html

1-2 環境分野を深耕しよう 83

自然再生推進法の仕組み

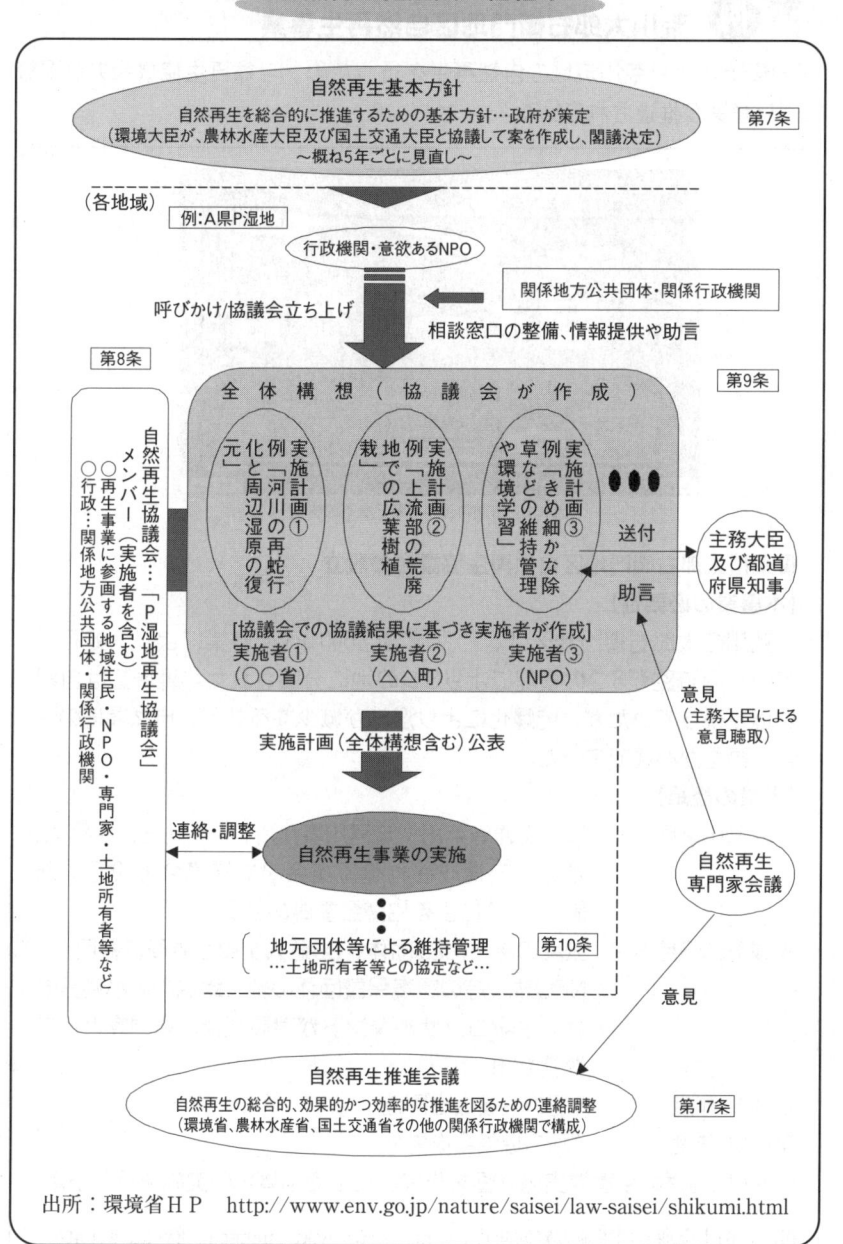

自然再生基本方針
自然再生を総合的に推進するための基本方針…政府が策定
(環境大臣が、農林水産大臣及び国土交通大臣と協議して案を作成し、閣議決定)
～概ね5年ごとに見直し～ 　　〔第7条〕

(各地域) 〔例：A県P湿地〕

行政機関・意欲あるNPO ← 関係地方公共団体・関係行政機関

呼びかけ/協議会立ち上げ　　相談窓口の整備、情報提供や助言

〔第8条〕　　　　　　　　　　　　　　　　　　　　　　〔第9条〕

全体構想（協議会が作成）

自然再生協議会：「P湿地再生協議会」
メンバー（実施者を含む）
○○行政：再生事業に参画する地域住民・NPO・専門家・土地所有者等など
関係地方公共団体・関係行政機関

- 実施計画①　例「河川の再蛇行化と周辺湿原の復元」
- 実施計画②　例「上流部の荒廃地での広葉樹植栽」
- 実施計画③　例「きめ細かな除草などの維持管理や環境学習」

送付 → 主務大臣及び都道府県知事
助言 ←

[協議会での協議結果に基づき実施者が作成]
実施者①（○○省）　実施者②（△△町）　実施者③（NPO）

実施計画（全体構想含む）公表

連絡・調整

自然再生事業の実施

地元団体等による維持管理
…土地所有者等との協定など… 〔第10条〕

意見（主務大臣による意見聴取）

自然再生専門家会議

意見

自然再生推進会議
自然再生の総合的、効果的かつ効率的な推進を図るための連絡調整
（環境省、農林水産省、国土交通省その他の関係行政機関で構成） 〔第17条〕

出所：環境省HP　http://www.env.go.jp/nature/saisei/law-saisei/shikumi.html

事例 荒川太郎右衛門地区自然再生事業

平成15年より荒川流域の自然再生を行うため、自然再生協議会の設置等により事業が推進されている。

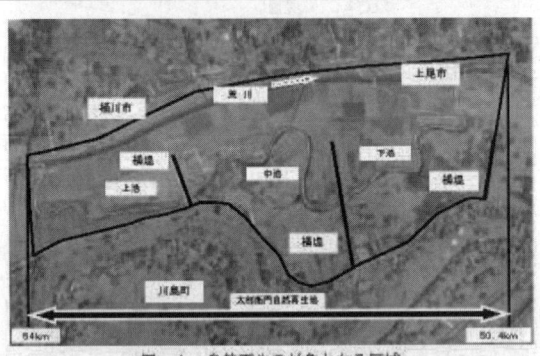

図－1 自然再生の対象となる区域

● 荒川太郎右衛門地区自然再生協議会の設立

【本事業の必要性】
　荒川の太郎右衛門地区は、約70年前の河川改修事業により、蛇行していた旧流路が3つの横堤により3つの池に分断された。池周辺は自然環境が残っていたが、乾燥化により湿地が減少するなど、自然環境の保全・再生が必要であった。

【事業の経緯】

平成15年2月	国土交通省荒川上流河川事務所、関係地方公共団体、学識者で構成される協議会設立準備会の設置。新聞・HP等による協議会委員の公募
平成15年3月下旬	公募のあった27団体、23個人全員が委員に採用 NPO法人等の環境保護団体の他、地場の中小建設会社・建設コンサルタントが建設技術の専門家として数社参加
平成15年度	5回の協議会を開催
平成16年度	4回の協議会を開催

今後は、自然再生事業実施計画を作成した上で本事業の実施を行う予定。

出所：国土交通省関東地方整備局HP　http://www.ktr.mlit.go.jp/kyoku/event/event_info/suska_01/skillup04/pdf/kankyo_2.pdf

本自然再生事業で建設技術を要する主なもの

1. 池への水の供給に雨水を利用
2. 池の掘削
3. 高水時の荒川本川からの導水
4. 池の連結(ボックスカルバートによる連結)
5. 市野川からの導水
6. ワンドの造成

荒川中流域における自然再生の取組み

平成15年7月に自然再生推進法に基づく自然再生協議会を設立し、地域住民、学識経験者、行政が一体となった取組みを推進

◆地域住民も一緒になって計画を作成
◆NPO等との協働により適切な維持管理を実施

除草作業による植生管理

考えられる再生メニュー
・湿地環境の再生
・旧流路における流水環境の再生 等

自然の復元力を活用しつつ整備

土砂で埋まった旧流路 → 蛇行川として復活
本川流路と接続し旧流路に流水を取り戻す

<学識経験者>
【協議会会長】長谷部 埼玉大学大学院教授
【協議会副会長】三島次郎、櫻花林大学名誉教授
細野透弘(文芸評論家)
魚介啓介(江戸川大学教授)
宝本泉京(河川環境保全モニター)
小川平松子(財)埼玉県生態系保護協会)

<市民>
地域住民　NPO
一般公募により、50名が参加

荒川太郎右衛門地区自然再生協議会
・自然再生全体構想の作成
・自然再生事業実施計画案の協議
・事業実施、維持管理に係る連絡調整

<国土交通省>
【協議会事務局】荒川上流河川事務所

<地方公共団体>
埼玉県(河川、農林、公園各部局)
上尾市、桶川市、川島町

出所：農林水産省HP
http://www.maff.go.jp/www/counsil/counsil_cont/kanbou/sizen_senmon/1/siryo5.pdf

1-3 景観緑三法の制定による景観ビジネスに注目しよう

　平成16年、景観緑三法が制定され、今後は、各地域において都道府県・市町村を事業主体とした「景観」を重視したまちづくりが活発に行われることが見込まれている。

【景観緑三法とは】
　平成16年6月、都道府県・市町村による景観整備を支援するため、景観法（景観形成に関する基本法）が制定された。また、これに併せて、以下の②と③の法律が制定され、これらを総称して「景観緑三法」とよばれている。
　また、景観整備推進に向け「景観形成事業推進費（H16年度は国ベース200億円計上）」等の予算措置がとられている。

＜景観緑三法＞

①景観法（景観形成に関する基本法）
②景観法の施行に伴う関係法律の整備等に関する法律（屋外広告物法の改正等）
③都市緑地保全法等の一部を改正する法律（都市緑地保全法、都市公園法等の改正）

【各法律の概要】
①景観法
・都道府県や市町村が「景観行政団体」となり、公聴会等により住民の意見を踏まえ、良好な景観形成のための規制の内容を定めた「景観計画」を作成。
・「景観行政団体」は、建築物の形態意匠の制限等を定める「景観地区」等を定めることができる（地区内で当該法違反があった場合、罰則あり）。
②「景観法の施行に伴う関係法律の整備等に関する法律」により屋外広告物法の改正
・違反広告物の「簡易除却」の対象を拡大
　　屋外広告物法では、条例違反の看板等は自ら除却することができるが（簡易除去）、今回の改正で、この対象を拡大等。
・屋外広告業を登録制に
　　悪質な屋外広告業者に対し営業停止等の罰則を課すことができるよう、屋外広告業を営む業者の登録制を条例で導入可能に。
・許可区域が全国に拡大
　　条例で屋外広告物の表示等を許可制にできる区域が全国に拡大。
・景観行政を行う市町村による屋外広告物条例の制定
　　景観行政団体である市町村も、屋外広告物に関する条例を制定（これまでは、都道府県、政令指定都市、中核市のみ）。
③「都市緑地保全法等の一部を改正する法律」により都市緑地保全法、都市公園法等の改正
・緑地保全地域制度
　　届出制により緑を保全する
・緑化地域制度
　　敷地が大規模な建築物の新築・増築についてその敷地内の緑化を義務づける
・立体都市公園制度
　　駐車場や店舗などの他の施設と都市公園とを立体的に整備することができる

1-3 景観緑三法の制定による景観ビジネスに注目しよう 87

景観緑三法に基づく景観形成の推進

市町村(*)による景観計画の作成
(*) 広域的な場合等は都道府県　・住民やNPO法人による提案が可能。

景観計画の区域 （都市計画区域外でも指定可能。）
・建築物の建築に対する届出・勧告を基本とするゆるやかな規制誘導
・一定の場合は変更命令が可能
・「景観上重要公共施設」の整備や「電線共同溝法」の特例
・農地の形質変更等の規制、耕作放棄地対策の強化、森林施業の促進

景観協議会
行政と住民等が協働して取組む場

［オープンカフェの取組例］

景観整備機構
NPO法人やまちづくり公社などを指定。
景観重要建造物の管理、土地の取得等を行う。

［ポケットパーク等の整備イメージ］

ソフト面の支援

景観協定
住民合意によるきめ細やかな景観に関するルールづくり

［商店街での取組イメージ］

景観重要
景観上重要な建築物・工作物・樹木を指定して積極的に保全

［イメージ］

景観地区
（都市計画）
・より積極的に景観形成を図る地区について指定
・建築物や工作物のデザイン、色彩についての初めての総合規制
・廃棄物の堆積や土地の形質変更等についての行為規制も可能

［まちなみイメージ］

規制緩和措置の活用　　屋外広告物法との連携

出所：国土交通省ＨＰ
http://www.mlit.go.jp/kisha/kisha04/04/040209_2_.html

88　Step 1　新分野進出の芽を見つけよう！

景観整備の事例

建築物の高さや壁面の位置などを定めることにより
統一したスカイラインを形成（大阪市御堂筋通り）

地域の歴史的な街並みは観光にも貢献している（金沢市）

美しい景観は、新しい都市のなかにも創出されている（横浜市）

出所：内閣府大臣官房政府広報室ＨＰ
http://www.gov-online.go.jp/publicity/tsushin/200503/topics_d.html

1-3 景観緑三法の制定による景観ビジネスに注目しよう 89

（参考）国土交通省「美しい国づくり政策大綱」（平成15年7月制定）

美しい国づくり政策大綱のポイント

国土交通省

- ○公共事業の実施前や完了後など事業の各段階における景観アセスメントの仕組みを確立
- ○公共事業について良好な景観形成を図るための景観形成ガイドラインを策定
- ○良好な景観の保全・形成を総合的かつ体系的に推進するための基本法制を制定
- ○緑に関する法制度の充実とあわせ、都市近郊の大規模な森の創出、緑の骨格軸の形成等を図る「緑の回廊構想」を推進
- ○屋外広告物制度の充実とあわせ、観光地など一定地区で違反屋外広告物等を短期間に集中整理
- ○観光振興にも留意しつつ、関係者が連携し、選定した緊急に推進すべき地区内の主な道路で5年目途に電線類地中化
- ○地方公共団体や住民等が地域景観の点検を行い、点検結果を景観阻害要因の改善等に活用する取り組みを促進

等の重点的な取り組みを推進

- 住民等
- 地方公共団体
- 企業
- 専門家

役割分担と協働

⇒ 美しい国の実現

出所：国土交通省HP
http://www.mlit.go.jp/keikan/keikan_portal.html

事例 落書き除去システムの開発

日新建工㈱、京都府、資本金1億円、従業員31名

　道路舗装面、橋脚、擁壁等、公共物の落書きが放置され、美しい景観が損なわれている社会問題に対し、ベンチャー企業の石材・タイルのクリーニング技術を活用し、落書き除去システムを開発した。

　1997年、まちづくりをテーマに、学識経験者、専門家、技術者等で構成されるNPO法人に参画し、そこで、環境にやさしい除去材、洗浄機器、洗浄工法等を開発し、環境汚染のないシステムを構築した。すでに、地方自治体、道路公団、民間企業等からの採用実績をもつ。

コンクリートの落書き除去

中性・水溶性リムーバー塗布状況
（エコ2000）

成分分解状況

超高圧温水洗浄状況

資料提供：日新建工㈱

1-4 「公の施設」を管理する指定管理者制度をビジネスチャンスに

　平成15年9月、地方自治法が一部改正され、「公の施設」の管理について、従来の地方自治体の出資法人や公共団体等による管理に限らず、民間事業者も議会の議決を経て、管理を行うことができるようになった。

　これまで、「公の施設」の維持・修繕工事を公共発注者から受注してきた中小建設業者は、指定管理者制度導入により民間事業者が「公の施設」の管理者となれば、そこからの受注に努めなければならず、新たな競争が始まる。

【指定管理者制度の実態】
　平成16年12月、総務省自治行政局が発表した「公の施設の指定管理者制度の導入状況に関する調査結果」(http://www.soumu.go.jp/s-news/2004/pdf/041227_9.pdf) によると、
平成16年6月1日時点で、
・指定管理者制度を導入した施設は、全国で1550施設
・指定管理者制度を導入した地方自治体は393
・指定管理者制度導入施設（1550施設）の内容別には、
　　多い順に、医療・社会福祉施設549（35.4％）、文教施設283（24.5％）、レクレーション・スポーツ施設352（22.7％）であり、これらで80％以上を占めている。
・指定管理者（計841団体）は、公共的団体、公益法人（財団法人、社団法人、NPO法人）併せて81％を占め、株式会社、有限会社は併せて13％程度に留まっている。

【指定管理者制度をビジネスチャンスにするためには】
☆新たな民間企業の指定管理者から施設維持管理に係る工事の受注を狙う。
☆自らが施設の管理ノウハウ等を有する企業と連携して指定管理者となる。
　　この場合、ターゲットとなる「公の施設」を絞る
　　　・指定管理者になることが困難な公の施設としては、業務の中に高度な運営ノウハウ、企画力を求められる場合があげられる。
　　　　例：文化センターの事業の企画、地域文化活動の支援
　　　・一方、比較的管理が簡単なものとしては、以下のような施設の維持・修繕を主とした場合があげられる。
　　　　例：駐輪施設、運動施設、運動広場

【市場規模予測】
　三菱総合研究所の「パブリックビジネス研究会」によると、全国の公共施設の約20％で指定管理者制度の導入が見込まれ、同制度を活用し、公共施設管理を民間に開放した場合の市場規模は年間約2兆円に上るとしている。

一方、新たに「公の施設」の維持・修繕工事の受注を狙う中小建設業者にとっては、ビジネスチャンスにつながる。

　また、中小建設業者が、施設の管理ノウハウ等を有する企業と連携して、「公の施設」の指定管理者に名乗りを上げることも考えられる。

指定管理者制度募集要項の例

<A町の例>
指定管理者制度募集要項

1. 管理・運営施設	○○老人福祉センター	○○学童保育所
2. 指定管理者が行う業務	①老人福祉法に規定する事業に関すること	①児童福祉法に規定する放課後児童健全育成事業
	②センターの利用許可に関すること	②学童保育所の施設および施設の維持管理に関する業務
	③センターの施設および設備の維持管理に関すること	③学童保育所の入退所に関する業務
	④その他町長が必要と認める業務	④学童保育所の保育料の徴収に関する業務
		⑤その他町長が必要と認める業務
3. 指定（管理）期間	平成○○年○月○日～平成○○年○月○日	
4. 指定管理料	指定管理者に係る年度ごとに管理協定により決定し、業務履行年度ごとに支払う	
5. 利用料金等の収入の取扱い	指定管理者は、センターの利用料を収入として収受し、事業目的に沿って使用することができる	指定管理者は、学童保育所利用に係る保護者負担金（保育料）を収入として収受し、事業目的に沿って使用することができる
6. 応募資格	法人その他の団体であって、施設管理業務が可能で、かつ、当該施設の設置の目的を適正かつ効果的に達成することができるもの	
7. 申し込み	指定管理者指定申請書（添付書類を含む）を○月○日までに担当課へ提出してください	

クリック！

☆指定管理者制度の実施に関する情報は、公園情報センターのＨＰ参照
http://www.kouen.info/kanrisha-koubo.html

1-5 海外進出に活路を見出す

中小・中堅建設業者の新分野進出として海外進出も候補の一つである。中小・中堅建設業者が海外進出する目的としては、以下の2つがあげられる。

①海外に生産拠点を求める

　　安価な労働力、資源を海外に求め、現地に工場等生産拠点を設置する。

②海外市場を開拓する

　　海外建設工事の受注、あるいは国内で生産した商品を海外で販売する。

いずれにしても、現地の情報に詳しい企業との連携が重要となる。

事例　海外を拠点とした共同生産方式での住宅用資材生産事業

平成15年度国土交通省「地域における建設産業再生のための先導的・革新的モデル事業」採択

㈱夢ハウス、新潟県、資本金5,000万円

●事業概要

　海外拠点（ロシア連邦ソウェカヤ・ガワニ市）に、自社開発の乾燥機「ドライランバー」（島根大学、新潟大学と産学共同開発）他を導入し、製造設備及び生産ノウハウを提供し、県産材を補完する共同生産方式での住宅用資材生産事業を行う。

●事業計画

1. ㈱夢ハウスが中心になって、「良い住まいを安く提供する」（アクションプログラムが求めるもの）ための、システム構築を長年続けてきた。
2. そして、構造材を無垢の乾燥材で住まいをつくるという理念を共有する夢ハウスビジネスパートナーズを組織化（平成16年1月現在230社）するまでになっている。
3. これまでの技術開発の集大成として、当社の「夢木組システム」が平成15年10月1日㈶日本住宅・木材技術センターより「木造住宅合

理化システム」として認定された。
4．この「夢木組システム」のコアとなるものが、使用する木材の乾燥について、建築材としての性能の向上やコスト削減を目的として、産学共同開発してきた成果の木材乾燥機【ドライランバー　特許第3315963】である。

事業のコア技術の一つ
自社開発の乾燥機
「ドライランバー」

5．また、資材の調達から住居の引渡しまで一貫したシステムをとっている。連携している事業は、
①山林買付・伐採　②製材工場　③乾燥工場　④プレカット工場
⑤パネル工場　⑥生コン工場　⑦住宅設備工事　⑧自社仕様の輸入建材
などがある。地域に適応した良い住まいを安く供給するシステムを構築するときその商品化に対して連携して取組める先導的・革新的モデルである。
6．以上のような技術基盤、経営基盤のもとで商品開発された住まいの新発田地区での販売シェアーはトップであり、グループ全体の売上は80億円まで伸びている。
7．これからの事業計画としては、さらに全国の地域に根付く工務店とビジネスパートナーとして連携して住宅需要を活性化する組織化をすすめる。
8．業界に厳しい風が吹く中で、地域では手ごたえのある環境が整いつつある状況（新発田地区で販売シェアー1位）で、次の事業展開のために連携して、今回の取組のコアになる企業と事業の推進が出来るというのは幸いである。そのためには流通から生産そして建築、維持管

理に至るまで、すべての流れを新たに組み直して建築用資材の供給システムを構築することが重要であると考えている。
　今回の海外拠点での県産材を補完する木材（樹種が足りない）を中心にした生産活動も含め、さらに改革のためのチャレンジは続けるものである。

●技術（技術開発・製品開発計画概要）
1．到達目標　（今回のパイロット事業では平成17年3月末ゴール）
　①パイロット工場の能力を、グループの一貫システムレベルに乗せること。
　②合弁企業の立上げがハバロスク州の関連部署の協力もあって、当初2年位かかると予想していたが、取り掛かってからフィージビリティ調査も含めて9ヶ月で稼動できる状態にあるのは、投資成果をあげるのに効果がある。
2．技術指導
　①甲斐工場長（生産計画、出荷手配）、製造担当主任、機械設備担当主任を軸に生産設備の搬入の後技術指導に当たる。
　②上記のメンバーは、隣のワニノ市にある同業種の製材工場での経験をもつ。甲斐工場長は昭和63年から日ソ合弁製材会社設立以来現地に駐在し現在に到っている。現地の事情を把握している彼の存在が今回の事業の実現可能性を高めている。
　③現地従業員の教育は、品質を中心に日本的な物造りの発想をする考えを浸透させることは海外工場での成功の為には有効である。
3．出荷規格をまもること
　①これが日本市場への決め手である。これをどう決め、標準的に守れる体制にするのにどれ位かかるかが初期の重要な課題である。それがロシア側のためにもなる。
　②ハバロスク州林業省での話し合いでも、木材の加工度を上げる方針であると言われた。訪問する前に「日本は品質にうるさいとロシアの人は言っている」との情報を各所で耳にしていたので、話し合いの主題にした。
　③過去のトラブル（話し合いの中で聞いたもの）も、お互いの国の

商慣習の違いもあるが、それを回避するキーポイントは出荷基準の確保であると思う。これは他の国でも同様であったが。
4．生産能力
　①月産－製品（当面は2シフト500㎥）、原木
　②工場予定地（遊休施設に近い）は、原木の搬入、製材、加工、出荷の流れに良いレイアウトであり、規模もパイロット工場での確認後の生産にも耐えられる。
5．ロジスティクス
　①ソウェカヤ・ガワニ市の工場（工場内に岸壁がある）から新潟東港への便（片道3日）の確保。
　②これはパイロット工場稼働中に解決しなければならない課題である。
6．情報
　①これはロシア側の情報インフラの整備が遅れているため、東南アジア、東アジアレベルの環境には、現時点では無理である。
　②このパイロット事業には、現在の情報通信レベルで支障はない。

●販路（販路開拓・販売方法／生産・販売計画）
1．自社及びビジネスパートナーへの販路
　①構造材を無垢の乾燥材で住まいをつくるという理念を共有する夢ハウスビジネスパートナーズを組織化（平成16年1月現在230社）している。そこへの乾燥材の供給で日本の設備はフル稼働している状態である。
　②新潟東港で荷揚げし、全国のビジネスパートナーへ出荷。

モデルハウスの軒先

住居環境（伝統文化の復活）の一例

2．供給地区センターでの生産
　①品質規格というのは、生産者とユーザーをつなぐものである。
　②乾燥材の品質を、ユーザーとの接点でどう信頼されるかという役割を果たすこと。

●資金調達
1．現地での資金調達は必要ない。ちなみに短期借入金利息23％（平成15年10月）。
2．ロシア側は、今まで基本的に自己資金でやってきた。
3．ロシア側にも会計事務所出身及び弁護士の経営幹部がおり、通訳を交えての財務諸表のチェックなどで企業概況はつかめた。契約がスムースに進んだのもスタッフに恵まれたことが大きい。当方の桐生氏も会計事務所出身で技術だけでなく財務に明るい。
4．お互いの状況を踏まえた上で、資本の持分は50％、50％でスタートすることになった。決済方法も、現金決済を基本にしている。

●取組み事業の評価・検証　　　　　中小企業診断士　　工藤　南海夫
1．ロシア連邦ソウェカヤ・ガワニ市にある㈲ソフガワニLPKとの合弁折衝を桐生氏が担当し、合弁パートナーとしてユーリー社長はじめ経営幹部との交渉を重ね、平成15年12月23日に本契約として締結した。
2．すでに、合弁工場に設置する機械設備は搬送され、2、3月に㈱三栄商会などと設置班が現地入りする。3月末までに稼働体制にもっていく予定である。
3．平成17年3月までに、甲斐工場長を責任者として日本への出荷規格を満たす生産体制を整え、「夢ハウスグループ」全体での収益性の向上に貢献する事業体として目標を設定できる所まで事業は進展した。（赤塚社長談）
4．平成15年10月にハバロスク市、及び現地（ソウェカヤ・ガワニ市）で調査を行い、その後も情報収集し、フィージビリティ調査を行った。東南アジアや東アジアでの今までの海外進出の事例の経験からも、この事業における課題も当グループの事業開発力で対応できる範囲にあると考えている。

資料提供：㈱夢ハウス

事例 サンドコンパクションパイルや海上ケーソン等の保有特殊技術を核とするベトナム建設市場進出の検討

平成16年度国土交通省「地域における中小・中堅建設業の企業連携・新分野進出モデル構築支援事業」採択

井森工業㈱、山口県、資本金1億円、従業員205名

● 取組みに至るまでの経緯

　海外建設市場は、戦後60年にわたり営々と切磋琢磨して蓄積した海上地盤改良工事の技術、ノウハウの移転先、アライアンス先である。優秀な技術、ノウハウを持った中小建設業者が積極的に海外進出を図り、活躍の舞台を広げていけばよいと考える。

　今後の高い経済成長に伴い社会基盤整備が積極的に行われる東南アジア地区を対象に予備調査を行い、その結果、今後の港湾工事の建設市場の成長と、現地提携先を特定できたことから、ベトナムを進出対象国として、保有する海上地盤工事の事業化調査を進めることにした。

　これまでの海外工事実績としては、平成8年、韓国の建設会社、㈱礎石建設から、海上サンドコンパクション技術協力の依頼があり、傭船契約や技術協力の協定を締結した。その時、海外における契約から工事の実施までの一連の手続き、業務の流れを経験した。

● ベトナム現地調査（平成16年11月28日〜12月4日）
[ベトナムの港湾整備の現況]

　南北に2000kmの海岸線を有するベトナムは陸路の整備が十分でなく、とりわけ経済の中心であるホーチミンなどの南部では、物流の多くは運河などの内部河川や海上航路に頼ったものとなっている。ベトナム政府による現在計画中あるいは施工中の港湾整備事業は、北部5港、中部7港、南部15港の計27港。ホーチミンには大型の港湾整備が必要である。

　海外資金による建設投資は活発である。ODAを含め10を超える計画あるいは実施中のプロジェクトがある。今後もインフラ整備に関わる趨

勢は変わらず、建設業の海外進出先として大きな期待ができる。

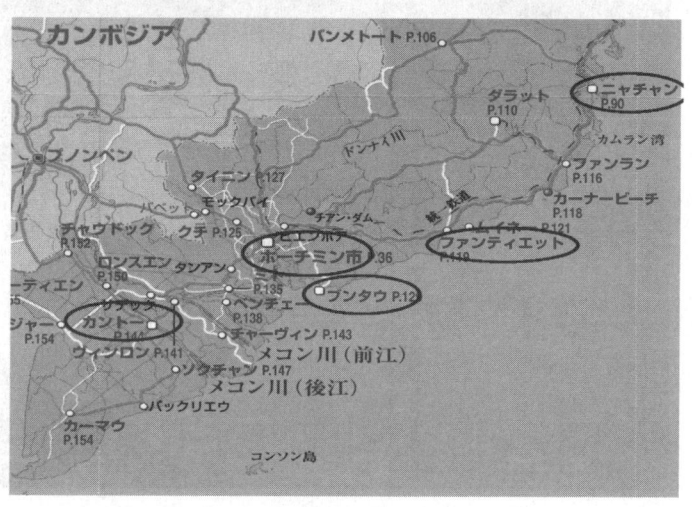

[現地の港湾工事に求められる工法]

　ベトナムのメコンデルタは、軟弱な粘性土が30～50m堆積し短期間に大型の港湾設備を建設するには、地盤のせん断破壊や沈下、変形などの問題解決が必須条件となる。海上サンドコンパクションパイル工法やケーソン構造は、建設時のこうした諸問題を解決することができる合理的な工法であり、日本国内では経済性の面からも汎用され、ベトナムにおいても必要不可欠な技術として位置づけることができる。

　南部のメコンデルタに国際級の岸壁の計画があるが、地盤は軟弱で、海上サンドコンパクションパイル工法の適用性は高い。概略設計の検討結果からも、地盤改良の必要性は高いと考えられる。一方、ケーソンの適用性は定常的な工事と、ドライドックの立地条件が満足されれば、投資の可能性もある。

[他企業との連携の必要性]

　ベトナム進出に欠くべからざる要素としては、当社保有の技術を原設計に採用させるため、大手ゼネコンやコンサルタントとのタイアップなどを図ることが必要であり、交渉力等を有した人材の育成、相応の投資が必要になる。

<候補地の検討>

[現地スタッフの獲得・育成]
　進出にあたっては、現地スタッフの確保・育成も重要な課題である。サンドコンパクションパイル工法で使用するSCP船のスタッフを考えると、1船団あたり15名程度、しかも、機関長、特殊作業員、機械工、電気工等の専門的な能力を要する人材が必要となる。
　国内において海外研修生を受入れ、研修生が自国に帰って学んだ技術を活かして、自国の建設業の発展のために貢献するというシナリオを描くのは、研修生を送り出す体制の整備と帰国してからの受け皿が十分ではない現状からは、かなり困難である。

●目指すビジネスモデル
　今後、グループ全体の経営計画（中期経営計画）に基づき、今回の現地調査を踏まえ事業計画に織り込める見通しが立った段階で事業を開始する。

1-5 海外進出に活路を見出す 101

[ビジネスモデル]

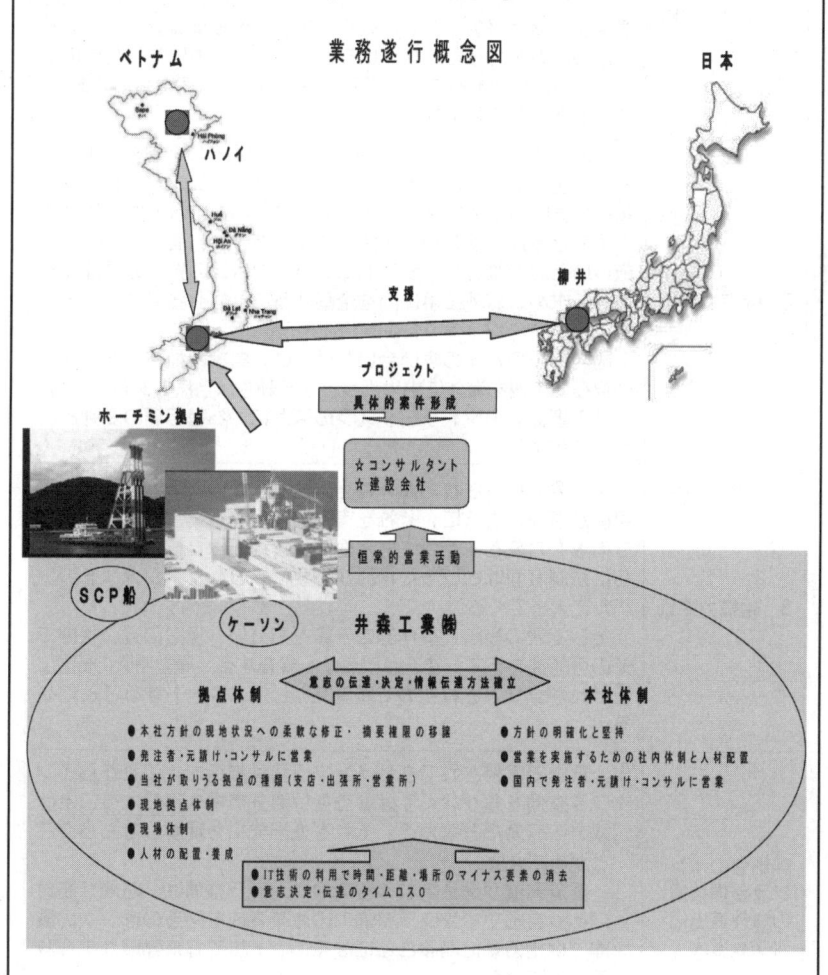

業務遂行概念図

ベトナム　　　　　　　　　　　　　　　　　　日本

ハノイ

　　　　　　　　　　支援　　　　　　　柳井

　　　　　　　プロジェクト
　　　　　　　具体的案件形成

ホーチミン拠点

　　　　　　　☆コンサルタント
　　　　　　　☆建設会社

SCP船　　　　　　恒常的営業活動

　ケーソン　　井森工業㈱

　　　　　　意思の伝達・決定・情報伝達方法確立
拠点体制　　　　　　　　　　　　　　本社体制

●本社方針の現地状況への柔軟な修正・摘要権限の移譲　　●方針の明確化と堅持
●発注者・元請け・コンサルに営業　　　　　　　　　　　●営業を実施するための社内体制と人材配置
●当社が取りうる拠点の種類（支店・出張所・営業所）　　●国内で発注者・元請け・コンサルに営業
●現地拠点体制
●現場体制
●人材の配置・養成

●IT技術の利用で時間・距離・場所のマイナス要素の消去
●意志決定・伝達のタイムロス0

[ベトナム進出可能性評価（中小企業診断士　工藤南海夫）]

評価項目	評価
1．技術力評価	この事業を推進するための折衝能力を職務遂行能力の筆頭において人材の選別と育成・確保が最優先である。 　施工レベルでは、工事現場が海上であるから、気象条件に大きく左右される特殊な工事である。そのため、工事の遂行には豊富な知識と経験が要求される。当該モデル事業者には、それだけの能力をもった人材がいるか。また、社内にそれだけのノウハウの蓄積があるのかを評価するのも重要な調査事項である。それは充分に備えがある。
2．販売力評価	その国の事情（経済、税、人材等）で仕事をし、利益を出す仕組みを創りだすことである。すでに、サンドコンパクションの技術の国際競争力は持っている。それをいかに合理的に現地で適用できるか。すなわち販路の開拓である。当面は参入障壁も厳しいと思われるが、サンドコンパクションの技術の受注先を海外に求め、海外工事部門を企画することも必要であると考える。 　国内市場のパイの奪い合いだけでは、業績の推持がむずかしい現在、市場を海外に求めようとする動きは当然である。一方、海外工事にはカントリーリスクのほかに、為替相場の変動というものが伴う。
3．組織力評価	1、2で検討された海外進出の企画が新しい事業として成立可能か否か、さらに、それを実際に実行する場合に、どのような市場を対象とするか、財務面は、技術面は、運営部門は？さらに法制度面はといった検討が必要になる。マネジメントのレベルに入ってくる。 　そして次の段階、具体的に予算を配分し、現実に近い状態でその可能性をテストするかどうかを審査する。経営判断の問題。 　それがクリアされ初めて新事業としてスタートすることになる。
評価者のインフラ整備技術の海外進出に対する考え	1．日本で蓄積されてきたインフラ整備技術を、これからインフラ整備を急がなくてはならない海外市場へ移転することは双方に有効だと考える。それを進出先にも理解してもらうことがまず必要。 2．経済発展が見込まれる国でのインフラ整備は、時間が勝負であり自国でインフラ整備での産業育成を図るのは、次の展開で供給過剰に陥ることになるし、そして経済発展が出遅れることになる。 3．それらの国々の経済発展のターゲットは、貿易、鉱工業はじめ農業・漁業そして流通・サービス業である。

資料提供：井森工業㈱

Step2
新分野進出を勉強してみよう！

　Step1で示したような今後の有望な市場の中から、「この分野なら進出できるかもしれない」と思ったら、まずは、その分野の専門的な知識を得ることから始める。また初期投資が必要な場合等、新事業展開のための経営のイロハを学びたいときがでてくる。

　このような時には、新分野進出を支援する公的機関を活用することがお勧めだ。

　ここでは、国の機関である独立行政法人雇用・能力開発機構と中小企業大学校の新分野進出支援の各種メニューを見てみよう。

Points

○新分野の芽を見つけたら、まずはその分野の勉強から始める。

○新規事業の立ち上げ方法も習得しておく必要がある。

○これらを勉強するには新分野進出を支援する公的機関の活用が有効。

1.（独）雇用・能力開発機構における新分野進出支援

（独）雇用・能力開発機構の各都道府県センターは、雇用や能力開発に関する各種の相談・支援、各種助成金の支給等を行っているが、新分野進出のための交流組織としての創業サポートセンターや新規・成長分野企業等支援情報プラザがある。

都道府県センター一覧

平成17年7月4日現在

名称	住所	電話番号
北海道センター	〒063-0804　札幌市西区二十四軒4条1-4-1	011-640-8822
青森センター	〒030-0822　青森市中央3-20-2	017-777-1234
岩手センター	〒020-0022　盛岡市大通3-3-10 七十七日生盛岡ビル5F	019-625-5101
宮城センター	〒983-0852　仙台市宮城野区榴岡5-11-1 仙台サンプラザ4F	022-257-2009
秋田センター	〒010-0001　秋田市中通4-12-4 明治安田生命秋田ビル6F	018-836-3181
山形センター	〒990-0828　山形市双葉町1-2-3 山形テルサ1F	023-647-0300
福島センター	〒960-8031　福島市栄町6-6 ユニックスビル10F	024-522-6503
茨城センター	〒310-0021　水戸市南町2-6-10 水戸証券ビル6F	029-221-1188
栃木センター	〒320-0072　宇都宮市若草1-4-23	028-622-9497
群馬センター	〒371-0022　前橋市千代田町2-5-1 前橋テルサ5F	027-235-6100
埼玉センター	〒330-0063　さいたま市浦和区高砂3-17-15 さいたま商工会議所会館6F	048-838-7744
千葉センター	〒263-0004　千葉市稲毛区六方町274	043-422-2224
東京センター	〒112-0004　文京区後楽1-9-20 飯田橋合同庁舎8F	03-3816-8161
神奈川センター	〒231-0005　横浜市中区本町2-12 損保ジャパン横浜ビル2F	045-212-2228
新潟センター	〒950-0917　新潟市天神1-1 プラーカ3 3F	025-247-5321
富山センター	〒930-0805　富山市湊入船町9-1 とやま自遊館2F	076-433-2211
石川センター	〒920-0352　金沢市観音堂町ヘ1	076-267-0801
福井センター	〒910-0005　福井市大手2-7-15 明治安田生命福井ビル4F	0776-25-1988
山梨センター	〒400-0858　甲府市相生2-3-16 三井住友海上甲府ビル1F	055-232-1154
長野センター	〒380-0823　長野市南千歳1-15-3 TSビル3F	026-224-8000
岐阜センター	〒500-8842　岐阜市金町4-30 明治安田生命岐阜金町ビル6F	058-265-5800
静岡センター	〒420-0857　静岡市御幸町11-30 エクセルワード静岡ビル9F	054-253-5711
愛知センター	〒460-0003　名古屋市中区錦1-16-20 グリーンビル5F	052-221-0171
三重センター	〒514-0004　津市栄町1-840 大同生命・瀧澤ビル5F	059-226-9963

名称	住所	電話番号
滋賀センター	〒520-0856 大津市光が丘町3-13	077-537-1164
京都センター	〒601-8047 京都市南区東九条下殿田町70 京都テルサ3F	075-681-3800
大阪センター	〒566-0022 摂津市三島1-2-1	06-6383-0949
兵庫センター	〒661-0045 尼崎市武庫豊町3-1-50	06-6431-7276
奈良センター	〒630-8247 奈良市油阪町1-1 千鶴ビル5F	0742-24-2662
和歌山センター	〒640-8483 和歌山市園部1276	073-461-1531
鳥取センター	〒680-0834 鳥取市永楽温泉町271 朝日生命鳥取ビル1F	0857-29-0606
島根センター	〒690-0003 松江市朝日町478-18 松江テルサ3F	0852-31-2800
岡山センター	〒700-0821 岡山市中山下1-8-45 NTTクレド岡山ビル18F	086-231-3666
広島センター	〒730-0051 広島市中区大手町2-11-10 NHK広島放送センタービル13F	082-248-1345
山口センター	〒753-0077 山口市熊野町1-10 ニューメディアプラザ山口6F	083-932-1010
徳島センター	〒770-0841 徳島市八百屋町2-11 ニッセイ徳島ビル7F	088-654-3311
香川センター	〒761-0113 高松市屋島西町2366-1 高松テルサ2F	087-841-5757
愛媛センター	〒790-0011 松山市千舟町5-5-3 EME松山千舟町ビル2F	089-947-6623
高知センター	〒780-0870 高知市本町4-1-8 高知フコク生命ビル3F	088-872-2112
福岡センター	〒812-0039 福岡市博多区冷泉町5-32 オーシャン博多ビル6F	092-262-2700
佐賀センター	〒840-0801 佐賀市駅前中央1-6-25 佐賀東京海上日動ビルディング5F	0952-26-9498
長崎センター	〒850-0035 長崎市元船町14-10 橋本商会ビル8F	095-821-8131
熊本センター	〒862-0956 熊本市水前寺公園28-51 熊本テルサ1F	096-386-5100
大分センター	〒870-0131 大分市皆春1483-1	097-522-2171
宮崎センター	〒880-0805 宮崎市橘通り東1-7-4 第一宮銀ビル7F	0985-22-0771
鹿児島センター	〒890-0068 鹿児島市東郡元町14-3	099-254-3752
沖縄センター	〒900-0006 那覇市おもろまち1-3-25 沖縄職業総合庁舎4F	098-862-3213

☆雇用・能力開発機構の都道府県センターに関する情報提供
都道府県センターの所在地一覧　HP　http://www.ehdo.go.jp/loc
各都道府県センターのHPはここから　http://www.ehdo.go.jp/

a. 創業サポートセンター（職業能力開発総合大学校 起業・新分野展開支援センター、東京、大阪）

　創業サポートセンターでは、新分野に挑戦してみようと考えている事業者を対象に、情報面・技術面から各種支援を行っている。具体的には、①相談援助、②情報提供、③公開講座、④起業家養成セミナー、⑤技術支援、⑥交流会、研究会等のサービスを提供している。

○創業サポートセンター

名称	所在地	電話
創業サポートセンター	〒108-0014 東京都港区芝5丁目26番20号　建築会館7階	03(5439)5551
関西創業サポートセンター	〒541-0054 大阪市中央区南本町1-7-15　明治安田生命堺筋本町ビル9階	06(6125)4690

①相談援助（無料）

　起業・新分野進出を検討中の事業主等を対象に、公的支援制度の紹介、起業全般・経営・資金・技術・特許・法律等の相談。

②情報提供（無料）

　起業・新分野進出等の支援情報、創業事例等もパソコン・ビデオ・書籍など自由に閲覧。

③公開講座（無料）

　"技術開発をテーマにした講座"。主な講師は職業能力開発総合大学校の教授。起業等のヒントとなる「技術的なシーズ（種）」の発見が主目的。

<＜平成17年度公開講座例（一部掲載）＞>

【技術分野】『テーマ』　　　　　　　講師
【最新の電気・電力技術】　　　　　職業能力開発総合大学校
　『電力の自由化に伴う諸問題　　　　電気システム工学科
　と対策』

【品質管理と評価技術】　　　　　　職業能力開発総合大学校
　『快適な室内環境』　　　　　　　　東京校　建築施工システム
　室内の環境性能評価と施工対策　　技術科

【ものづくりとデザイン】　　　　　職業能力開発総合大学校
　『木工製品の塗装仕上げに寄与　　　造形工学科
　するナノ粒子の活用技術』
　木工塗装における着色、研磨
　工程を改革する

【建築生産の技術動向】　　　　　　職業能力開発総合大学校
　『公共建築のLCCマネージメ　　　　建築システム工学科
　ントの考察』

【建築生産の技術動向】　　　　　　職業能力開発総合大学校
　『災害に強い建築を考える』　　　　建築システム工学科
　その3　地震に強い快適住宅—
　メーソンリー建築のすすめ

④起業家養成セミナー

起業や経営に必要な能力を養成するセミナーが行われている。

■起業家養成セミナーについて

⑤技術支援

新分野進出等で課題となる技術的な相談に対して、職業能力開発総合大学校の教授等による支援を行っている。

⑥交流会、研究会

新分野進出を真剣に目指す者のための交流会、特定分野の研究会の設置等を行っている。

出所：創業サポートセンターHP　http://e-support.ehdo.go.jp/index.html

b．新規・成長分野企業等支援情報プラザ

　新規・成長分野企業等支援情報プラザは（独）雇用・能力開発機構が運営する創業・新分野進出のためのポータルサイト。
　公的機関の支援制度情報、セミナー情報、企業事例や雇用・経営に関するQ&A等を掲載。

新規・成長分野企業等支援情報プラザHP

新規・成長分野企業等支援情報プラザは独立行政法人雇用・能力開発機構が運営する、創業・新分野進出のためのポータルサイトです。公的機関の支援制度情報、セミナー情報、企業事例や雇用・経営に関するQ&A などを掲載しています。

▶ベンチャー企業等支援制度情報
　（ベンチャー企業等支援ネットワーク）
　ベンチャー企業に対する官民の各種支援策について、各機関・団体等が連携し、関連情報を集約して提供しています。

▶新規・成長分野企業等支援エキスパート情報
　創業・新分野進出時に抱える様々な諸問題について、解決の手助けとなる専門家の情報を提供します。

▶ベンチャー企業拝見コーナー
　創業・新分野への進出企業の映像事例を動画でご紹介します。

▶創業・経営改革セミナー「アントレプレナーDo it」
　創業・新分野進出に関する諸問題の解決策とさまざまな情報を衛星通信を利用して実施するセミナーの開催予定をご案内します。

▶出会いの場
　ベンチャー企業等の人材の確保、育成等の支援を目的としたイベントの全国での開催予定をご案内します。

▶メールマガジン
　起業に関する情報満載のメールマガジン「アントレプレナーDo it」を配信しています。

▶webセミナー
　創業や経営に役立つ情報満載の連載コラムです。

▶Q&A
　「人」にまつわる疑問にお答えします。

出所：新規・成長分野企業等支援情報プラザHP　http://www.ehdo.go.jp/plaza/

●●● 創業・経営改革セミナー　アントレプレナーDo it ●●●

衛星通信を利用したセミナー。新分野進出等に必要な基礎知識が勉強できる。主な会場は(独)雇用・能力開発機構都道府県センター（無料）。

創業・経営改革セミナー
アントレプレナーDo it

1.1 未来へ向けて可能性無限大！

アントレプレナーDo it は、衛星通信を利用して全国各地の受信会場にリアルタイムで配信する全33回のセミナーです。
創業や新分野進出に必要な基礎知識や情報を提供するとともに、実践に役立つ経営戦略、法務、資金調達、人材活用のノウハウなどあらゆる視点からの最新情報をわかりやすくご紹介します。

セミナーは、衛星通信を使った独自のアビリティガーデンネット（AGネット）によって配信されます。双方向通信ですので、スタジオの講師と全国の受講者が直接質疑応答などのやりとりができるのが特徴です。（一部双方向システムがない会場では、電話を使ったやりとりのみになります。）

- 開講日：平成17年6月23日(木)〜平成18年3月16日(木)
- 配信時間：毎週木曜日　18:30〜20:00
- 受講料：無料
- 会場：各都道府県の独立行政法人雇用・能力開発機構都道府県センターなど

出所：アントレプレナー Do it HP　http://www.ehdo.go.jp/plaza/AGnetback_f.html

2. 中小企業大学校

中小企業大学校は全国に9校あり、新分野進出（第二創業）予定者、創業予定者等を対象に、事業化着手段階の研修、事業推進段階の研修、経営管理研修等、各種研修を行っている。

【全国9校の中小企業大学校】

中小企業大学校　旭川校 電話：0166-65-1200 FAX：0166-65-2190	中小企業大学校　仙台校 電話：022-392-8811 FAX：022-392-8812	中小企業大学校　三条校 電話：0256-38-0770 FAX：0256-38-0771
中小企業大学校　東京校 電話：042-565-1192 FAX：042-590-2684	中小企業大学校　瀬戸校 電話：0561-48-3400 FAX：0561-48-2224	中小企業大学校　関西校 電話：0790-22-5931 FAX：0790-22-5941
中小企業大学校　広島校 電話：082-278-5800 FAX：082-278-7201	中小企業大学校　直方校 電話：0949-28-1144 FAX：0949-28-4385	中小企業大学校　人吉校 電話：0966-23-6800 FAX：0966-22-1456

＜東京校＞

【研修の特長】

1. 地域の核となる独創的中小企業の育成
   地域の特色・ニーズに的確に対応するテーマの研修。

2. 充実した講師陣、研修ノウハウ
　各種専門分野の講師をそろえ、過去40年間の研修実績に基づく研修カリキュラム・研修方法。

3. 現場に役立つ実践的な研修
　講義形式による研修はもとより、実習・演習、小グループによる討議を行うことにより、受講者の課題解決能力を向上させる。

4. ヒューマンネットワークの形成
　目的に応じて2日間から1年間まで様々な研修期間をもったコースを用意。また、研修・宿泊施設を完備。交流を通じて生まれたヒューマンネットワークが研修の成果の一つ。

【新規創業支援研修一覧（平成17年度、東京校）】

起業・第二創業支援等	新規創業支援研修～スタートアップ研修～	2005年7月23日～2005年7月31日	全4日（30H）※	10,000円
起業・第二創業支援等	新規創業支援研修～ビルドアップ研修～	2005年9月17日～2005年9月24日	全4日（30H）※	10,000円
起業・第二創業支援等	ビジネス・チャレンジ・スクール	2005年12月6日～2006年2月9日	全9日（60H）※	83,000円
起業・第二創業支援等	「中小企業の会計」アドバンスコース（第1回）	2005年10月26日	1日	15,000円
起業・第二創業支援等	「中小企業の会計」アドバンスコース（第2回）	2005年11月22日	1日	15,000円

出所：全国の中小企業大学校HP　http://www.smrj.go.jp/jinzai/000405.html

●●● 中小企業大学校のウェブトレーニング ●●●

　中小企業大学校による中小企業の人材育成のためのインターネット研修サイト。経営系コースと技術系コースの2つから成る。経営系コースでは利益計画、経営計画の立て方等の各種経営管理研修から請負業の建設業が弱い提案営業の進め方研修まで、幅広いトレーニングコースがある。新分野進出を目指す事業者の人材教育に推奨できるコースである。一方、技術系コースでは、他産業の各種基礎技術や生産管理手法が習得できる。

出所：http://wbt.jasmec.ac.jp/index.html
※なお、2005年10月頃URLが変更になる予定。詳しくは中小企業大学校東京校ＨＰ http://www.smrj.go.jp/inst/tokyoをご覧下さい。

コース名	新任社員	中堅社員	管理職	経営層		
経営者塾				●	▶詳細	受付中
決算書の見方・活用の仕方		●	●	●	▶詳細	受付中
利益計画の立て方		●	●	●	▶詳細	受付中
管理者の職務と役割			●		▶詳細	受付中
提案営業の進め方		●	●		▶詳細	受付中
経営計画の立て方		●	●		▶詳細	受付中

経営系コース 時代を生き抜く企業経営の基礎と実践を習得

（参考）研修には助成金を活用しよう！

研修費用の一部は、以下に示す公的助成金で賄うことができる。

【キャリア形成促進助成金】
　企業内における労働者のキャリア形成の効果的な促進のため、その雇用する労働者を対象に、職業訓練の実施、職業能力開発休暇の付与、長期教育訓練休暇制度の導入、職業能力評価の実施、またはキャリア・コンサルティングの機会の確保を行う事業主に対する助成制度。中小企業大学校の研修には訓練給付金が該当。

a. 助成金の受給要件
　①雇用保険の適用事業の事業主。
　②職業能力開発計画及びこれに基づく年間職業能力開発計画を作成している事業主で、その計画の内容を雇用する労働者に対して周知していること。
　③職業能力開発推進者を選任し、都道府県職業能力開発協会に選任届を提出していること。
　④労働保険料を過去2年間を超えて滞納していない。過去3年間に雇用保険三事業に係る助成金の不正受給がないこと。
　⑤次のいずれかの助成金の支給要件に該当し、あらかじめ、都道府県センター所長の受給資格認定を受けていること。

b. 訓練給付金
○支給要件
　年間職業能力開発計画に基づき、その雇用する労働者に対して、特定の職業訓練を受けさせること。職業訓練は1コース当りの実訓練時間が延10時間以上必要。OJTは対象外。

○支給内容
　①職業訓練を受けさせる場合の経費の1/4
　　（中小事業主1/3）（1人1コース5万円を限度）
　②職業訓練期間中のその雇用する労働者の賃金の1/4
　　（中小事業主1/3）（150日を限度）

c. 申請の手続き
1. 事業内職業能力開発計画の作成

初めて、キャリア形成促進助成金を利用する場合、事業内職業能力開発計画を作成し、当該計画の内容をその雇用できる労働者に周知すること。

2. 年間職業能力開発計画及びキャリア形成促進助成金受給資格認定申請書の作成・提出
　事業内職業能力開発計画に基づき年間職業能力開発計画及びキャリア形成促進助成金受給資格認定申請書を作成し必要書類を添付した上で雇用・能力開発機構都道府県センターに提出。

　・申請時期
　　受給資格認定の申請時期は年間計画期間に応じ原則として以下のとおり。ただし、受給資格認定申請を初めて行う事業者にあっては、随時受け付ける。

認定申請期間　　　　　　　年間計画期間
　3月1日～3月末日　　→　　4月1日～翌年3月末日
　6月1日～6月末日　　→　　7月1日～翌年6月末日
　9月1日～9月末日　　→　　10月1日～翌年9月末日
　12月1日～12月末日　→　　1月1日～12月末日

3. 年間職業能力開発計画に基づく職業訓練等の実施
　年間職業能力開発計画に基づく職業訓練等の取組を実施します。

4. 支給申請書の提出【4月または10月】
　年間職業能力開発計画に基づき実施したものについて、4月1日から9月末日までに修了したものを10月1日から同月末日までに、10月1日から翌年3月末日までに修了したものを4月1日から同月末日までに、キャリア形成促進助成金支給申請書に必要事項を添付し雇用・能力開発機構都道府県センターに提出。

【問合わせ先】
　雇用・能力開発機構　都道府県センター　Tel 0570-001154
　　　　　　　　　　　　　　　　　　　　　　　（いいこよう）

　※利用時間：9時～17時（土日・祝日は休業）

●●● NPO法人による研修 ●●●

住宅・環境分野等において、様々なNPO法人が研修を行っている。これらの研修を活用し、専門的な技術習得をすることも有効である。

事例 NPO法人日本健康住宅協会の健康住宅に関する研修

私たちは「健康住宅」をめざして活動をしています。

日本健康住宅協会は、「住まい」に関心を持つ企業と個人とが手を結び「健康住宅」を考えます。

当協会は、1990年に「健康住宅推進協議会」として創設し、2000年6月にNPO法人日本健康住宅協会として認証され、現在に至っています。私たちは、「住宅の健康」と「住まい手の健康」を守るため、業種を超えたスペシャリストが集まって研究活動を行なっています。その研究成果は、住宅関連の諸問題解決のため、行政や企業などにも働きかける公益的な存在になっています。

技術研究　人材の育成　情報発信

健康住宅とは...
日本健康住宅協会がめざす健康住宅とは「住まい手が身体的、精神的、社会的にすこやかな状態で心地よく暮らすため、丈夫で長持ちし健康阻害要因をなくすように工夫した住宅」と定義しています。
この定義には人と自然との共生も視野に入れ、ハード(建築・設備)とソフト(住まい方・メンテナンス)の両面が含まれます。

1948年、WHO(世界保健機関)の憲章の中で「健康とは身体的、精神的、社会的にすこやかな状態であり、到達しうる最高の健康を享受することは人種や宗教、政治的信念、経済的社会的条件を越えて、すべての人にとっても基本的権利である」と唱え、快適で健康な居住環境の概念として、1. 災害に対する安全性、2. 生理的な快適性、3. 精神的な充足、4. 社会的活動に対する満足、が達成されることが盛込まれていることを基本としています。さらに現在の日本の社会的動向をみてみると、廃棄物・エネルギー・化学物質などを考慮した環境への適合性、経済的条件への配慮、少子高齢化・情報化への対応などが今後不可欠になると考えています。

日本健康住宅協会

| HOME | 健住住宅アドバイザー | 研究活動 | 健住協NEWS | 資料販売 | 入会のご案内 | 健康住宅Q&A |

研修・検定 ‖ 登録更新 ‖ Q&A

■! 健康住宅アドバイザーについて

更新日 2005.6.29

KJK2005年度
健康住宅アドバイザー研修・検定試験のご案内

■日程

	開催地	（第1日目）研修 10:00〜17:00	（第2日目）研修・検定試験 9:30〜17:00
第32回	大阪	2005年10月13日（木）	2005年10月14日（金）
第33回	東京	2005年10月13日（木）	2005年10月14日（金）
第34回	名古屋	2005年9月7日（水）	2005年9月8日（木）

■定員

大阪・東京会場：100名　　名古屋会場：120名

■受付期間

第32・33回：2005年8月1日（月）〜10月5日（水）
第34回：2005年6月1日（水）〜8月31日（水）
※定員になりしだい締め切ります

■会場

【大阪会場】　新梅田研修センター
　　　　　　　大阪市福島区福島6-22-21　TEL（06）4796-3371

【東京会場】　松下電工（株）　東京本社ビル
　　　　　　　東京都港区東新橋1-5-1　TEL（03）6218-0032

【名古屋会場】名古屋工業大学
　　　　　　　名古屋市昭和区御器所町　23号館　　　（駐車場はありません）

■研修内容

「健康住宅の基本」、「品確法」、「丈夫な住宅」、「健康住宅と高齢者配慮」、「防露」、「防カビ」、「環境生物」、「空気環境」、「床下環境」、「温熱環境」、「光・視環境」、「音・振動環境」、「水環境」の基礎知識と応用知識の研修を二日間にわたり行います。二日目の研修終了後、検定試験を行います。

■受講料（資料代・検定料を含みます。消費税は不要です。）

区分	受講（受験）料
一般（KJK会員、学生以外）	￥26,000
KJK会員（正、事業会員）	￥18,000
学生（証明書要）	￥13,000

出所：NPO日本健康住宅協会HP http://www.kjknpo.com/mente/shiken.htm

3. その他のインターネット情報

中小建設業者のビジネスを支援するホームページがいくつも立ち上がっている。

a．中小企業ビジネス支援ポータルサイト（中小企業基盤整備機構）

出所：J-NET21 H P　http://j-net21.smrj.go.jp/

b. ヨイケンセツドットコム（財建設業振興基金構造改善センター）

　中小・中堅建設業者の新分野進出を支援することを目的に、新分野進出事例集（252＋80事例）、新分野進出事例の分析、新分野進出チェックリスト、新分野進出のための地域市場動向、新分野進出に活用できる助成・支援制度（全国および各都道府県版）、新分野進出ビデオセミナー「10人の経営者が語る戦略・夢」等のコンテンツを整備している。

ヨイケンセツドットコムのメニュー画面

出所：ヨイケンセツドットコムHP　http://www.yoi-kensetsu.com/

Step3
アイデアが浮かんだら相談に行こう

　進出を目指す新分野が固まったら、事業化に至るまでどのように進めていけばよいか、不安な点、疑問な点を解消するため公的支援機関に相談に出かけてみよう。ここでは、各都道府県にある都道府県の中小企業担当課、中小企業支援センター、地方ブロックごとにある中小企業、ベンチャー総合支援センターを紹介する。また、東京、大阪においては、Step2で紹介した(独)雇用・能力開発機構の創業サポートセンターも相談先になる。

　これらの機関に相談することにより、中小企業診断士、技術コンサルタント等の専門家のアドバイスを受けることができるようになる。

Points

○目指す新分野が固まったら、事業化に向け公的支援機関に相談に行こう。

○中小企業診断士、技術コンサルタント等の専門家のアドバイスを受けることができるようになる。

1. 都道府県中小企業担当課

　都道府県の中小企業担当課は相談先の一つである。新分野進出に関連する都道府県条例等に関わる相談もできる。ただ、公的支援については、2で示す中小企業支援センターが都道府県の各種施策に基づく具体的な支援を行っており、センターを紹介される場合が多い。

都道府県中小企業担当課一覧

名称	担当部・課名	電話番号
北海道	経済部経営金融課	011-231-4111
青森	商工観光労働部商工政策課	017-722-1111
岩手	商工労働観光部商政課	019-651-3111
宮城	産業経済部産業経済総務課	022-211-2713
秋田	産業経済労働部産業経済政策課	018-860-2213
山形	商工労働観光部商工政策課	023-630-2360
福島	商工労働部商工課	024-521-1111
茨城	商工労働部商工政策課	029-221-8111
栃木	商工労働観光部経営指導課	028-623-3172
群馬	商工労働部産業政策課	027-223-1111
埼玉	労働商工部産業創出課	048-830-3910
千葉	商工労働部経済政策課	043-223-2824
東京都	労働経済局商工計画部計画課	03-5320-4744
神奈川	商工労働部商工労働総務室	045-210-1111
新潟	商工労働部商工企画課	025-285-5511
長野	商工部産業振興課	026-235-7192
山梨	商工労働観光部商工総務課	055-223-1530
静岡	商工労働部企画経理室	054-221-2805
愛知	産業労働部産業労働総務課	052-961-2111
岐阜	農林商工部商工局商工政策課	058-272-1111
三重	農林水産商工部産業政策課	059-224-2506
富山	商工労働部経営支援課	076-431-4111
石川	商工労働部産業政策課	076-261-1111
福井	産業労働部経営支援課	0776-21-1111
滋賀	商工労働部中小企業振興課	077-524-1121
京都府	商工部商工振興課	075-451-8111

奈　良	商工労働部中小企業振興課	0742-22-1101
大阪府	商工労働部商工労働総務課	06-6941-0351
兵　庫	産業労働部商工労働局経営支援課	078-341-7711
和歌山	商工労働部商工振興課	0734-32-4111
鳥　取	商工労働部経済通商課	0857-26-7537
島　根	商工労働部経営指導課	0852-22-5288
岡　山	商工労働部商工企画課	086-224-2111
広　島	商工労働部商工金融課	082-228-2111
山　口	商工労働部経営金融課	083-933-3180
徳　島	商工労働部商工政策課	088-621-2316
香　川	商工労働部産業政策課	087-831-1111
愛　媛	経済労働部中小企業課	089-941-2111
高　知	商工労働部商工政策課	088-823-1111
福　岡	商工部商工政策課	092-651-1111
佐　賀	経済部商工課	0952-25-7092
長　崎	商工労働部商工労働政策課	095-824-1111
熊　本	商工観光労働部商工政策課	096-383-1111
大　分	商工労働観光部産業企画課	097-536-1111
宮　崎	商工観光労働部商工政策課	0985-24-1111
鹿児島	商工労働部中小企業課	099-286-2111
沖　縄	商工労働部産業政策室	098-866-2330

2. 都道府県等中小企業支援センター（都道府県等所管）

　各都道府県・政令市には、中小企業支援センターがある。各センターでは、中小企業の新分野進出に対し、相談窓口はもとより、公的助成制度、専門家のアドバイス、異業種交流の場等、様々な支援メニューがとりそろえられている。最寄りのセンターを有効に活用してみよう。

都道府県等別中小企業支援センター名称一覧

都道府県等	名称	都道府県等	名称
北海道	（財）北海道中小企業総合支援センター	鳥取県	（財）鳥取県産業振興機構
青森県	（財）21あおもり産業総合支援センター	島根県	（財）しまね産業振興財団
岩手県	（財）いわて産業振興センター	岡山県	（財）岡山県産業振興財団
宮城県	（財）みやぎ産業振興機構	広島県	（財）ひろしま産業振興機構
秋田県	（財）あきた産業振興機構	山口県	（財）やまぐち産業振興財団
山形県	（財）山形県企業振興公社（新事業支援センター）	徳島県	（財）とくしま産業振興機構
福島県	（財）福島県産業振興センター	香川県	（財）かがわ産業支援財団
茨城県	（財）茨城県中小企業振興公社	愛媛県	（財）えひめ産業振興財団
栃木県	（財）栃木県産業振興センター	高知県	（財）高知県産業振興センター
群馬県	（財）群馬県産業支援機構	福岡県	（財）福岡県中小企業振興センター
千葉県	（財）千葉県産業振興センター	佐賀県	（財）佐賀県地域産業支援センター
埼玉県	（財）埼玉県中小企業振興公社	長崎県	（財）長崎県産業振興財団
東京都	（財）東京都中小企業振興公社	熊本県	（財）くまもとテクノ産業財団
神奈川県	（財）神奈川中小企業センター	大分県	（財）大分県産業創造機構
新潟県	（財）にいがた産業創造機構	宮崎県	（財）宮崎県産業支援財団
長野県	（財）長野県中小企業振興公社	鹿児島県	（財）かごしま産業支援センター
山梨県	（財）やまなし産業支援機構	沖縄県	（財）沖縄県産業振興公社
静岡県	（財）しずおか産業創造機構	札幌市	（財）さっぽろ産業振興財団札幌中小企業支援センター
愛知県	（財）愛知県中小企業振興公社	仙台市	（財）仙台市産業振興事業団（仙台市中小企業支援センター）
岐阜県	（財）岐阜県産業経済振興センター	千葉市	（財）千葉市産業振興財団
三重県	（財）三重県産業支援センター	さいたま市	（財）さいたま市産業創造財団
富山県	（財）富山県新世紀産業機構	横浜市	（財）横浜産業振興公社
石川県	（財）石川県産業創出支援機構	川崎市	（財）川崎市産業振興財団（川崎市中小企業サポートセンター）
福井県	（財）福井県産業支援センター	名古屋市	（財）名古屋都市産業振興公社（新事業支援センター）
滋賀県	（財）滋賀県産業支援プラザ	京都市	（財）京都市中小企業支援センター
京都府	（財）京都産業21	大阪市	（財）大阪都市型産業振興センター（大阪産業創造館）
大阪府	（財）大阪産業振興機構	神戸市	（財）神戸市産業振興財団
兵庫県	（財）ひょうご中小企業活性化センター	広島市	（財）広島市産業振興センター
奈良県	（財）奈良県中小企業支援センター	北九州市	（財）北九州産業学術推進機構
和歌山県	（財）和歌山県中小企業振興公社		

クリック！

☆都道府県等中小企業支援センター一覧（住所、TEL等記載、各ＨＰにリンク）
http://www.chusho.meti.go.jp/shien_shindan/todou_sien.html

●●● 中小企業支援センターの事例：(財)愛知県中小企業振興公社 ●●●

創業・新分野進出関連の支援メニュー

1．創業の準備に対する支援

【創業プラザあいち】

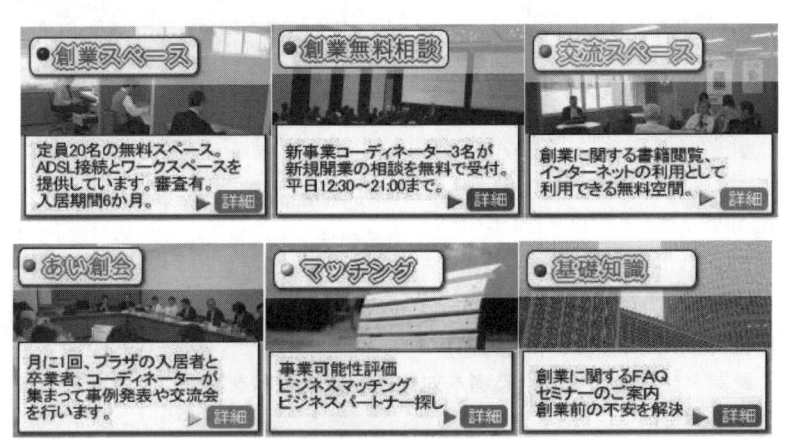

- 創業スペース
  定員20名の無料スペース。ADSL接続とワークスペースを提供しています。審査有。入居期間6か月。▶詳細
- 創業無料相談
  新事業コーディネーター3名が新規開業の相談を無料で受付。平日12:30～21:00まで。▶詳細
- 交流スペース
  創業に関する書籍閲覧、インターネットの利用として利用できる無料空間。▶詳細
- あい創会
  月に1回、プラザの入居者と卒業者、コーディネーターが集まって事例発表や交流会を行います。▶詳細
- マッチング
  事業可能性評価ビジネスマッチングビジネスパートナー探し▶詳細
- 基礎知識
  創業に関するFAQセミナーのご案内創業前の不安を解決▶詳細
- プラザ情報
  こんな方が利用しています利用者の現況調査結果創業お役立ち情報▶詳細

2．創業支援セミナー・イベント

【新産業チャレンジ交流会】

　新製造技術、健康・福祉、環境の3分野をテーマとした新産業チャレンジ交流会の開催。各分野のエキスパートによる講演、パネルディスカッションを実施し、企業相互の交流の場を提供。参加料は無料。

【新産業チャレンジ研究会】

　新製造技術、健康・福祉、環境の3分野をテーマとした新産業チャレンジ分野別研究会の開催

環境分野の研究会（例）

回	日時・会場	テーマ・講師
1	平成16年11月19日(金) 午後1時30分から午後3時30分まで キリンビール㈱名古屋工場 西春日井郡新川町大字寺野字花笠100	「環境保全型経営の実践とISO14001活動の推進に学ぶ」(仮題) キリンビール㈱名古屋工場
2	平成16年12月1日(水) 午後1時30分から午後3時30分まで ㈱INAX 榎戸工場 常滑市港町3丁目77番地	「人と地球を考えたものつくり―土を用いた快適材料―」 ㈱INAX 総合技術研究所創造技術研究室
3	平成16年12月13日(月) 午後1時30分から午後3時30分まで ㈱ダイセキ 本社ビル 名古屋市港区船見町1番地86	「わが社の産業用廃液・廃油処理について」 ㈱ダイセキ

【ベンチャースピリット養成塾】
　創業・起業を考えている者を対象に、創業者等を講師に招聘したセミナーの開催。

【有望ビジネスマッチング交流会】
　～起業家等とビジネスパートナーとの出会いの場～
　新分野進出を予定している企業等と、ベンチャーキャピタル、民間支援機関、金融機関等支援者との情報交換等による出会いの場を提供するため、「有望ビジネスマッチング交流会」の開催。

【事業可能性評価】
　専門家がビジネスプランを評価
　新分野進出等の事業計画を持ち込めば、専門家で構成する事業可能性評価委員会が評価を行う。評価は、A(事業成立可能性大)、B(事業成立ボーダー)、C(再チャレンジ)の3段階。A評価を受けたプランは、「ベンチャー企業等支援資金」(県制度融資)の対象となるほか、県や公社のPR誌で紹介するなど事業の実施に向けて必要な支援が行われる。費用は無料。
　なお、高い評価を受けたプランであっても融資の実行を保証するものではありません。

出所：㈶愛知県中小企業振興公社HP　http://www.aibsc.jp/index.html

3. 中小企業・ベンチャー総合支援センター（中小企業基盤整備機構）

中小企業庁所管の独立行政法人中小企業基盤整備機構は、以下のとおり、全国9カ所に中小企業・ベンチャー総合支援センターを設置し、専門家による経営・技術相談、情報提供、専門家の派遣等を行い、中小企業・ベンチャー企業等を総合的に支援している。

中小企業・ベンチャー総合支援センター一覧

ブロック	センター名	郵便番号	住所	電話番号	FAX番号
北海道	中小企業・ベンチャー総合支援センター北海道	060-0807	札幌市北区北7条西四丁目5-1 伊藤110ビル8階	011-738-1365	011-738-1372
東北	中小企業・ベンチャー総合支援センター東北	980-6023	仙台市青葉区中央四丁目6-1 SS30ビル（住友生命仙台中央ビル）23階	022-716-1751	022-716-1752
関東	中小企業・ベンチャー総合支援センター東京	105-8453	東京都港区虎ノ門3-5-1 虎ノ門37森ビル	03-5470-1620	03-5470-1573
北陸	中小企業・ベンチャー総合支援センター北陸	920-0031	金沢市広岡3-1-1 金沢パークビル6階	076-223-5761	076-223-5762
中部	中小企業・ベンチャー総合支援センター中部	460-0003	名古屋市中区錦2-9-29 ORE名古屋伏見ビル4階	052-220-0516	052-220-0517
近畿	中小企業・ベンチャー総合支援センター近畿	540-6591	大阪市中央区大手前1-7-31 大阪マーチャンダイズマートビル11F	06-6910-3866	06-6910-3867
中国	中小企業・ベンチャー総合支援センター中国	730-0017	広島市中区鉄砲町7-18 東芝富国生命ビル8階	082-502-7246	082-502-7247
四国	中小企業・ベンチャー総合支援センター四国	760-0019	高松市サンポート2-1 高松シンボルタワー高層棟7階	087-811-1752	087-811-1753
九州	中小企業・ベンチャー総合支援センター九州	810-0001	福岡市中央区天神1-14-4 大和生命福岡ビル8階	092-771-6200	092-771-0800

●●● 中小企業・ベンチャー総合支援センターの事例：関東支部 ●●●

関東支部では、中小企業診断士等の専門家による窓口相談とともに、ビジネス塾・研究会等を開催している。

【ビジネス塾・研究会の開催】
　経営課題の解決ノウハウを学ぶことを目的にビジネス塾・研究会を開催している。平成17年度は全12回の開催予定。参加料は無料。

＜平成17年度研究会テーマ（一部抜粋）＞

テーマ	分野	内容
中小企業施策の活用と企業成長手法	経営戦略	経営課題解決や成長を促進するための効果的な「中小企業施策活用法」についてケースをもとに学ぶ。
財務体質強化と経営戦略	財務戦略	企業活動を円滑に行うための「資金の調達法、決算書の見方」の基本を学ぶ。
インターネットマーケティングの進め方	マーケティング	顧客への個別対応の手段として有効なツールである「インターネットを活用したマーケティング手法」について学ぶ。
コア技術の構築と市場展開方法	経営戦略	自社の製品やサービスの「コアとなる技術の育成・差別化方法」とそれをもとにした市場展開方法について学ぶ。
第2創業と事業企画の考え方	経営戦略	新事業の開発や既存事業の高度化による企業発展を促す「第2創業の進め方」やそれを実行するための事業企画の作成手法を学ぶ。
ビジネスプラン作成のポイント	市場開拓	創業や新事業を成功に導くために不可欠な「ビジネスプランの作成のポイント」について学ぶ。
新分野進出と市場創造	経営戦略	企業を取り巻く経営環境や自社の経営資源の掘り下げを通じて「自社に合った新市場の創造手法」を学ぶ。
効果的な販売促進手法	マーケティング	自社の商品やサービスにあった「マーケットチャネル開拓や効果的な販促手法」について具体的なケースをもとに学ぶ。
製品開発と特許戦略	経営戦略	ノウハウとして社内に蓄積するだけでなく「戦略として積極的に知財を権利化」して収益への貢献を目指す効果的な進め方について学ぶ。

資料：中小企業、ベンチャー総合支援センター関東ＨＰより作成
　　　http://www.smrj.go.jp/kikou/branch/kanto/005506.html

4. 国土交通省等による建設業経営支援アドバイザー制度

　国土交通省各地方整備局では、㈶建設業振興基金および都道府県建設業協会と連携し、建設業経営支援アドバイザー制度を設置している。都道府県建設業協会では、平成17年度から建設業協会会員以外も対象に、総合相談受付窓口としてワンストップサービスセンターを開設した。

　建設業経営支援アドバイザー制度は、相談を希望する中小・中堅建設業者に対し、中小企業診断士等の専門家を「建設業経営支援アドバイザー」として派遣し、具体的な相談に対応するものである。2回目までの相談は原則無料で行っている。

問い合わせ先

1. 都道府県建設業協会ワンストップサービスセンター窓口

協会名	郵便番号	住所	電話番号	FAX番号
(社)全国建設業協会	104-0032	東京都中央区八丁堀2-5-1	03-3551-9396	03-3555-3218
(社)北海道建設業協会	060-0004	札幌市中央区北四条西3-1	011-261-6184	011-251-2305
(社)青森県建設業協会	030-0803	青森市安方2-9-13	017-722-7611	017-722-7617
(社)岩手県建設業協会	020-0873	盛岡市松尾町17-9	019-653-6111	019-625-1792
(社)宮城県建設業協会	980-0824	仙台市青葉区支倉町2-48	022-262-2211	022-263-7059
(社)秋田県建設業協会	010-0951	秋田市山王4-3-10	018-823-5495	018-865-2306
(社)山形県建設業協会	990-0024	山形市あさひ町18-25	023-641-0328	023-624-7391
(社)福島県建設業協会	960-8061	福島市五月町4-25	024-521-0244	024-522-4513
(社)茨城県建設業協会	310-0062	水戸市大町3-1-22	029-221-5126	029-225-1158
(社)栃木県建設業協会	321-0933	宇都宮市簗瀬町1958-1	028-639-2611	028-639-2985
(社)群馬県建設業協会	371-0846	前橋市元総社町2-5-3	027-252-1666	027-252-1993
(社)埼玉県建設業協会	336-8515	さいたま市南区鹿手袋4-1-7	048-861-5111	048-861-5376
(社)千葉県建設業協会	260-0024	千葉市中央区中央港1-13-1	043-246-7624	043-246-9855
(社)東京建設業協会	104-0032	東京都中央区八丁堀2-5-1	03-3552-5656	03-3555-2170
(社)神奈川県建設業協会	231-0011	横浜市中区太田町2-22	045-201-8451	045-201-2767
(社)山梨県建設業協会	400-0031	甲府市丸の内1-14-19	055-235-4421	055-233-9572
(社)新潟県建設業協会	950-0965	新潟市新光町7-5	025-285-7111	025-285-7119
(社)長野県建設業協会	380-0824	長野市南石堂町1230	026-228-7200	026-224-3061
(社)岐阜県建設業協会	500-8502	岐阜市藪田東1-2-2	058-273-3344	058-273-3138
(社)静岡県建設業協会	420-0857	静岡市葵区御幸町9-9	054-255-0234	054-255-5590
(社)愛知県建設業協会	460-0008	名古屋市中区栄3-28-21	052-242-4191	052-242-4194
(社)三重県建設業協会	514-0003	津市桜橋2-177-2	059-224-4116	059-228-6143
(社)富山県建設業協会	930-0094	富山市安住町3-14	076-432-5576	076-432-5579
(社)石川県建設業協会	921-8036	金沢市弥生2-1-23	076-242-1161	076-241-9258
(社)福井県建設業連合会	910-0854	福井市御幸3-10-15	0776-24-1184	0776-27-3003
(社)滋賀県建設業協会	520-0801	大津市におの浜1-1-18	077-522-3232	077-522-7743

(社)京都府建設業協会	604-0944	京都市中京区押小路通柳馬場東入橋町645	075-231-4161	075-241-3128
(社)大阪建設業協会	540-0031	大阪市中央区北浜東1-30	06-6941-4821	06-6941-8767
(社)兵庫県建設業協会	651-2277	神戸市西区美賀多台1-1-2	078-997-2300	078-997-2307
(社)奈良県建設業協会	630-8241	奈良市高天町5-1	0742-22-3338	0742-23-9121
(社)和歌山県建設業協会	640-8262	和歌山市湊通り丁北1-1-8	073-436-5611	073-436-2567
(社)鳥取県建設業協会	680-0022	鳥取市西町2-310	0857-24-2281	0857-24-2283
(社)島根県建設業協会	690-0048	松江市西嫁島1-3-17-101	0852-21-9004	0852-31-2166
(社)岡山県建設業協会	700-0827	岡山市平和町5-10	086-225-4131	086-225-5388
(社)広島県建設工業協会	730-0042	広島市中区国泰寺町1-5-25	082-241-0558	082-241-0561
(社)山口県建設業協会	753-0074	山口市中央4-5-16	083-922-0857	083-923-7101
(社)香川県建設業協会	760-0026	高松市磨屋町6-4	087-851-7919	087-821-4079
(社)徳島県建設業協会	770-0931	徳島市富田浜2-10	088-622-3113	088-652-7609
(社)愛媛県建設業協会	790-0002	松山市二番町4-4-4	089-943-5324	089-933-0168
(社)高知県建設業協会	780-0870	高知市本町4-2-15	088-822-6181	088-823-5662
(社)福岡県建設業協会	812-0013	福岡市博多区博多駅東3-14-18	092-477-6731	092-477-6740
(社)佐賀県建設業協会	840-0041	佐賀市城内2-2-37	0952-23-3117	0952-24-9751
(社)長崎県建設業協会	850-0874	長崎市魚の町3-33	095-826-2285	095-826-2289
(社)熊本県建設業協会	862-0976	熊本市九品寺4-6-4	096-366-5111	096-363-1192
(社)大分県建設業協会	870-0046	大分市荷揚町4-28	097-536-4800	097-534-5828
(社)宮崎県建設業協会	880-0805	宮崎市橘通り東2-9-19	0985-22-7171	0985-23-6798
(社)鹿児島県建設業協会	890-8512	鹿児島市鴨池新町6-10	099-257-9211	099-257-9214
(社)沖縄県建設業協会	901-2131	浦添市牧港5-6-8	098-876-5211	098-870-4565

2. 地方整備局等　各地方整備局のＨＰアドレス一覧

http://www.mlit.go.jp/link.html

名称	住所	電話番号	所管区域
北海道開発局事業振興部	〒060-8511　札幌市北区北8条西2丁目札幌第1合同庁舎	011-709-2311	北海道
東北地方整備局建政部	〒980-8602　仙台市青葉区二日町9-15	022-225-2171	青森県、岩手県、宮城県、秋田県、山形県、福島県
関東地方整備局建政部	〒330-9724　さいたま市中央区新都心2-1 さいたま新都心合同庁舎2号館	048-601-3151	茨城県、栃木県、群馬県、埼玉県、千葉県、東京都、神奈川県、山梨県、長野県
北陸地方整備局建政部	〒951-8505　新潟市白山浦1-425-2	025-266-1171	新潟県、富山県、石川県
中部地方整備局建政部	〒460-8514　名古屋市中区三の丸2-5-1 名古屋合同庁舎第2号館	052-953-8572	岐阜県、静岡県、愛知県、三重県
近畿地方整備局建政部	〒540-8586　大阪市中央区大手前1-5-44 大阪合同庁舎1号館	06-6942-1141	福井県、滋賀県、京都府、大阪府、兵庫県、奈良県、和歌山県
中国地方整備局建政部	〒730-0013　広島市中区八丁堀2-15	082-221-9231	鳥取県、島根県、岡山県、広島県、山口県
四国地方整備局建政部	〒760-8544　高松市福岡町4-26-32	087-851-8061	四国全域
九州地方整備局建政部	〒812-0013　福岡市博多区博多駅東2-10-7 福岡第2合同庁舎	092-471-6331	九州全域
沖縄総合事務局開発建設部	〒900-8530　那覇市前島2-21-7 カサセン沖縄ビル	098-866-0129	沖縄県

3. ㈶建設業振興基金

建設業経営支援アドバイザーによる経営相談制度の案内ＨＰ

http://desk.yoi-kensetsu.com/navigation/cat865.html

名称	住所	電話番号	備考
(財)建設業振興基金 構造改善センター	〒105-0001 東京都港区虎ノ門 4-2-12	03-5473-4572	

近畿地方整備局の平成17年度建設業経営支援アドバイザーの事例

建設業経営支援アドバイザー

【趣旨】

　地域の中小・中堅建設業は、社会資本整備の担い手であるのみならず、地域の基幹産業として多くの就業機会を提供するなど、地域経済の発展のために欠かすことのできない役割を担っています。しかしながら、近年の建設投資の大幅な減少により、厳しい経営環境に置かれています。

　こうした中、国土交通省では、平成16年度において、中小・中堅建設業者による経営革新や経営基盤強化に向けた取組みを促進する観点から、各地方整備局等に設置している経営相談窓口の機能を強化し、中小企業診断士・税理士等の専門家を活用して、中小・中堅建設業の個別具体的な相談に対応してまいりました。

　今年度においても、地域の中小・中堅建設業の再生に向けて、経営革新や経営基盤強化の取組みを更に促進する観点から、専門家（呼称：建設業経営支援アドバイザー）による相談対応を実施することといたしました。

【実施概要】

【内　容】
　相談を希望する事業者に、中小企業診断士等の専門家を「建設業経営支援アドバイザー」として派遣し、個別具体的な相談に対応します。
【対　象】
　地域を営業基盤とする中小・中堅建設業者
【期　間】
　平成17年5月18日（水）から平成18年3月31日（金）まで
【費用負担】
　原則として、2回目までの経費について負担します。3回目以降については、相談者の自己負担となります。
【応募方法】
　相談申込書に必要事項を記入の上、貴社の所在地を管轄する近畿地方整備局の担当窓口宛にFAXしてください。後日、担当者より、派遣するアドバイザーを書面でご連絡します。

※ 詳細については、担当窓口までお問い合わせください。

Step4
技術的な相談はその分野の専門家に

　新分野進出では新たに技術開発・商品開発が必要になる場合が多い。事業化にあたっては、その技術を保有する他社との連携により不足する技術等を補完することも有効な戦略であるが、大学、公的試験機関等の公的研究機関と共同研究を行ったり、技術指導を受けたりするなど産学連携を図ることにより、新技術・新商品を開発する方法も有効である。特に、環境分野への進出事例に多い。

Points

○新技術・新商品開発により新分野進出を目指す場合、自社に不足する技術を補完するためには、公的研究機関の活用が有効である。

○大学、公的試験機関等への相談から始め、共同研究開発につなげていく。

1. 大学

産学連携事例

★間伐材のリサイクルによるシックハウス対策用ボードの開発
　間伐材を燃焼させ炭を作り、粉末状に砕いたものを原料にボードを製造。有害化学物質を吸着するなどシックハウス対策に効果。吸着効果を上げるためボードには貝殻を混入。貝殻を1200度の高温で焼くと吸着効果が上がることを証明した薬科大学教授の指導を受ける。

★太陽光・風力ハイブリッド型発電技術の開発
　機械工学科教授との共同研究により、当該発電装置の性能評価の実施。

★屋上緑化用人工土壌の開発
　理工学部教授との共同研究により、雨水を貯留できる高吸収性樹脂を含有する人工土壌の開発

★廃ガラスを細骨材として混入した透水性舗装ブロックの開発
　土木工学科（コンクリート工学）教授の指導により、強度、ガラスの安全性等の研究

★人工魚礁の開発
　「さざれ石」をヒントに、巨岩が砕けて丸くなった玉石を人工的に固めて元の巨岩にする方法を開発し特許の取得。「魚の巣」としての効果を発揮。社長自ら農学部生物環境科学を専攻し、魚が好む魚道について学ぶ。

★貝殻をリサイクルした土壌の開発
　発電所の取水設備に付着した貝殻を特殊肥料等有機質資源として商品化。貝殻を回収し、粉砕、圧縮、脱水して減量化を図り、生物活性酵素液を散布し、1〜2ヶ月間、微生物により発酵させ、有用な土壌に変換。農学部教授に微生物に関する指導を受ける。

クリック！

☆全国大学一覧はＸ（クロス）ネットＨＰ参照
http://www.xon.co.jp/xnet/college

2. 公的試験機関

　都道府県等の公的な工業試験研究機関では、中小企業の技術力の向上と発展を図るため、各種研究活動を行っている。研究成果は研究成果発表会や研究報告書等で情報提供されている。

　中小企業が単独で研究開発することが困難なテーマは、企業からの要請に基づき、共同研究・受託研究を行っている。

●●● 中小企業技術ネットワーク ●●●

　全国の工業試験研究機関が一覧でき、それぞれの機関のＨＰにリンクできる。この他、農業技術に関しては、都道府県に農業技術センターがある。

【北海道・東北】
北海道工業試験場
北海道立林産試験場
北海道立林業試験場
青森産業技術開発センター
秋田県工業技術センター
岩手県工業技術センター
山形県工業技術センター
宮城県産業技術総合センター
福島県ハイテクプラザ
【関東】
茨城県工業技術センター
栃木県工業技術センター
群馬県工業試験場
群馬県繊維工業試験場
埼玉県工業技術センター
東京都立産業技術研究所
神奈川県産業技術総合研究所
新潟県工業技術総合研究所
【中部】
長野県情報技術試験場
長野県工業試験場
長野県精密工業試験場
長野県食品工業試験場
山梨県工業技術センター
山梨県富士工業技術センター
静岡県静岡工業技術センター
静岡県浜松工業技術センター
静岡県富士工業技術センター
静岡県沼津工業技術センター
愛知県工業技術センター
名古屋市工業研究所
岐阜県工業技術センター
三重県工業技術センター
三重県金属試験場
三重県窯業試験場
富山県工業技術センター
石川県工業試験場

福井県工業技術センター
【近畿】
滋賀県工業技術センター
滋賀県立信楽窯業試験場
滋賀県立機械金属指導所
滋賀県繊維工業指導所
滋賀県繊維工業指導所：能登川支所
滋賀県繊維工業指導所：高島支所
京都府中小企業総合センター
京都市工業試験場
京都市染織試験場
奈良県工業技術センター
大阪府立産業技術総合研究所
兵庫県立工業技術センター
和歌山県工業技術センター
【中国・四国】
鳥取県工業試験場
島根県立工業技術センター
岡山県工業技術センター
広島県立西部工業技術センター
広島県立東部工業技術センター
広島県立食品工業技術センター
山口県工業技術センター
愛媛県工業技術センター
高知県工業技術センター
高知県立紙産業技術センター
【九州】
福岡県工業技術センター
佐賀県工業技術センター
佐賀県窯業技術センター
長崎県工業技術センター
長崎県窯業技術センター
熊本県工業技術センター
大分県産業科学技術センター
宮崎県工業試験場
鹿児島県工業技術センター
沖縄県工業技術センター

　　出所：中小企業技術ネットワークＨＰ　http://www.sme.ne.jp/bmenu.html

工業試験研究機関活用事例

★微生物の活用によるホタテ加工残渣の減量化技術の開発

　微生物を活発に働かせるには温度、水分、空気の流通の調整が難しいが、この点について、北海道工業試験場化学技術部に技術相談。

★化学物質減少工事

　住宅内の有害化学物質（ホルムアルデヒド、揮発性有機化合物）を減少させるため、各種発熱装置を用い、住居全体の表面温度を40度で5時間温めつつ、送風装置、調和・分解・吸着・脱臭する装置等を配置し、有害物質を減少させる工法を開発。

　開発にあたり、東京都立産業技術研究所と共同研究を行い、主に、有害物質低減工法の効果の実証、減少工事に使用する化学処理剤等の開発・評価・選定等を実施。

★石膏リサイクルによる雑草抑制剤の開発

　火力発電所から排出される排脱石膏（硫酸カルシウム）をリサイクルし、景観型雑草抑制剤を開発。製品の開発にあたっては、富山県の工業技術センターおよび農業技術センターに、材料の性質、土壌への影響等について指導を受けた。

★シラス（火砕流堆積物）をコンクリート用建築資材として開発

　シラスは粒度が細かく、含水率が高く、比重が小さいため、これまで、コンクリート材としての実用化が困難であったが、鹿児島県工業技術センターと共同開発を行い、シラスとセメントを混入・圧縮することにより、シラスに含まれる水分でシラスとセメントの密着に成功。この結果、保水性、透水性、断熱性に優れた建設資材を開発。緑化基盤材、畜舎床材、都市型水害対策路盤材等に用いている。特許も取得。

3. 各種学会

新分野進出の技術相談には学会の活用も有効である。

事例 学会活用事例

㈱田中住建、長野県、資本金5,000万円、従業員53名

★地場の総合工事業者が水車の製作・施工を事業の柱に
　昭和51年に顧客からの特命で初めて水車製作に携わり、その後、水車の製作依頼が増えてくるようになり、本格的に水車製作事業を開始。現在、日本水車協会（水車研究者の集まり）、日本臼類学会とも連携し、新しい観点からの水車製作に取り組んでいる。

資料提供：㈱田中住建

●●● 環境分野に関連する学会例 ●●●

- 環境システム計測制御学会
- 空気調和・衛生工学会
- 材料技術研究協会
- 環境資源工学会
- 資源・素材学会
- 地盤工学会
- 水文・水資源学会
- 土木学会
- 日本エネルギー学会
- 日本建築学会
- 日本コンクリート工学協会
- 日本自然災害学会
- 日本材料科学会
- 廃棄物学会
- 水資源・環境学会
- 日本土壌微生物学会
- 日本緑化工学会
- 日本林学会
- 木質炭化学会

クリック！

☆学会情報は、国立情報学研究所
学協会情報発信サービスHP
http://wwwsoc.nii.ac.jp/

Step5
他企業との連携を考える

　中小・中堅建設業者が新分野進出を行う場合、企業連携は極めて重要な戦略になる。

　自社で不足する技術・ノウハウを他企業との連携により補完することが有効な手段となる。

　企業連携には様々な方法があるが、ここでは、多くの新分野進出事例で見受けられ、比較的容易に行うことができる①業務提携方式（ゆるやかな企業連携）、②事業協同組合の結成（組合結成による信用力、スケールメリットを生かす）、③フランチャイズ（新分野進出に必要なノウハウ・商品力・販売力を買う）の3つについて解説する。

Points

○新分野進出にあたっては、自社で不足する技術・ノウハウを企業連携により補完することは極めて重要な戦略になる。

○中小・中堅建設業者の新分野進出事例をみると、企業連携方法は、業務提携方式、事業協同組合結成、フランチャイズへの加盟が多く見受けられる。

1. 業務提携

　企業連携の代表的な手法には、資本の移動を伴わないゆるやかな連携である業務提携がある。業務提携は連携相手の企業との相互補完により市場競争力の強化を図るため、当事者間の契約に基づいて行う。

　新分野進出事例には、新技術・新商品開発のための技術提携、販路開拓を目的とした販売提携等、様々な事例がある。

事例　建設工事に伴う地下水排水に含まれる鉄分除去工法の実用化

近畿基礎工事㈱、大阪府、資本金1,050万円、従業員21名

　ディープウェル工法などによる建設工事の地下水排水に含まれる鉄分の除去工法を実用化。特許取得。

　環境への配慮が高まる中、工事用排水処理は薬品を用いない工法の採用が社会ニーズであったが、排水の中で鉄分の除去が最も難しかった。機械装置製造会社の㈱ナガオカと技術開発に関する業務提携を行い、共同実験を繰り返して実用化に至った。

　薬剤無添加のため、品質管理が容易となり、薬剤費、管理費が削減できるのがメリットである。すでに、地下トンネル建設工事等の地下水対策工法の排水処理に数多くの実績をもつ。

無薬注除鉄処理装置
ＦＲＡ工法

資料提供：近畿基礎工事㈱

2．事業協同組合

　中小建設業者の組織体構築による企業連携の一つに事業協同組合の結成がある。事業協同組合を結成して中小建設業者が協同して事業を行うことにより、経営の合理化、取引条件の改善を図る。また、相互扶助組織であることから、税制面の優遇措置が講じられている。
　建設業関連の事業協同組合は、平成10年3月末で4,978組合設立されている。

事業協同組合のメリット

・共同受注・購買による効率化
・組合員への融資、債務保証
・税制面の優遇

事業協同組合とは

［目的と事業］
　事業協同組合とは、中小企業等協同組合法に基づき、組合員となる中小企業者が協同して事業を行うことにより、経営の合理化と取引条件の改善を図るものである。
　中小建設業者が事業協同組合を設立して行う主な事業を以下に例示。
　①共同購買、共同受注、共同保証、研究開発等の共同事業（共同経済事業）
　②組合員を対象とした福利厚生施設の設置、事業資金の貸付、事業の債務保証等

［組合員となる資格］
　事業協同組合の組合員になるには、設立する組合の地区内にある小規模の事業者であって、その組合の定款で定めた事業を行う者であればよい。

［設立要件］
　事業協同組合の設立には、4人以上が発起人になり、設立総会の開催等一定の手続を経て、組合員が行う事業を所管する行政庁の認可が必要である。

［設立の手順］　設立登記までは概ね2ケ月。

組合設立の手順

発起人の仕事

- 定款・事業計画・収支予算等の原案作成、設立趣意書、出資引受書及び設立同意書を作成し、有資格者に送付
- 定款・事業計画・収支予算その他の議案の決定、役員の選挙

発起人（4人以上）

↓
創立総会の開催公告
↓（2週間以上）
創立総会
↓
設立認可申請
↓
認　　可
↓（なるべく早く）
発起人から理事へ事務引継
↓
　　　　← 出資払込請求
　　　　← 出資払込完了
↓（2週間以内）
設　立　登　記
（組合成立）

理事の仕事

第1回理事会
理事長、専務理事等の選任
組合事務所の位置決定

出所：全国中小企業団体中央会HP　http://www.chuokai.or.jp/

🖱 クリック！

☆さらに詳しい情報は、国土交通省HP「建設業における事業協同組合と協業組合」参照
http://www.mlit.go.jp/sogoseisaku/const/sinko/kumiai/index10.htm

●●● 中小企業団体中央会によるサポート ●●●

　事業協同組合設立には都道府県ごとに設置されている中小企業団体中央会がサポート。

　中小企業団体中央会とは、中小企業等協同組合法に基づき各都道府県に設置されている中小企業団体の専門指導機関である。各団体の組織化、運営指導、中小企業の経営に関する各種事業等の支援を行っている。官公需適格組合制度に関する相談も受け付けている。

ひとくちmemo

○官公需適格組合制度
　中小企業庁が、事業協同組合等を対象に、事業協同組合の官公需（公共工事等）での活用を図るため、一定の要件の下、官公需（公共工事等）を受注するに相応しい組合であることを証明する制度のこと。公共工事の受注を目指す事業協同組合は、この官公需適格組合となることが受注チャンスの増大につながる。

クリック！

☆中小企業団体中央会に関する情報は以下のHP参照
○全国中小企業団体中央会　http://www.chuokai.or.jp/
○都道府県中小企業団体中央会一覧　http://www.chuokai.or.jp/link/link_01.html

3. フランチャイズ

　中小・中堅建設業者が、新分野進出に不足する技術力・商品力・販売力を補完するためには、フランチャイズ方式を活用することも有力な方策である。
　㈳日本フランチャイズチェーン協会の調べによると、「フランチャイズチェーン」は、店舗数は約20万店、売上高は17兆7千億円にものぼり、一大市場を形成している。

【フランチャイズ方式とは】
　特定の商品・サービス・ノウハウ等を有し事業を運営する仕組みを提供する者（フランチャイザー、通常、「本部」等とよばれている）に対し、加盟料（ロイヤリティ）の支払等により加盟店（フランチャージー）となり、それらの事業を運営する仕組みの提供を受けビジネスを行う方式。

【中小建設業者の新分野進出事例からみたフランチャイズ方式のメリット】
①本部の全面的なバックアップにより事業をスタートできる。
②開始後も、本部から経営指導、販売促進、従業員教育等の指導が受けられる。
③本部が大手の場合（例：本部が大手住宅メーカーの住宅リフォーム参入）、そのネームバリュー、ブランド力を営業に活かせる。
④一定のエリア内に加盟店制限（例：○○地域で1加盟店）がある場合、そのエリアの営業を独占的に行うことができる。
⑤本部が大量に仕入れる材料・商品等は安定的に調達できる。
⑥フランチャイズチェーン全体の販売促進活動に参加できる。

資料：㈳フランチャイズチェーン協会HPより作成　http://jfa.jfa-fc.or.jp/fc_sys.html

クリック！

☆フランチャイズに関する情報サイト
○フランチャイズの本部探し・基礎知識を得るには
　　ザ・フランチャイズ　HP　http://frn.jfa-fc.or.jp/
　　経済産業省の委託の下、㈳日本フランチャイズチェーン協会が作成・運営
○㈳日本フランチャイズチェーン協会HP　http://jfa.jfa-fc.or.jp/
　　フランチャイズ本部の探し方・選び方、フランチャイズの基礎知識

事例 土木系のゼネコンがフランチャイズに加盟し、住宅リフォーム事業に参入

富士土木㈱、山梨県、資本金1,500万円、従業員28名

　富士土木㈱は山梨県の地場の総合工事業者で、これまでに培ってきた地域との信頼と、リフォーム事業に対する情熱をもち、大手住宅設備メーカーのフランチャイズに加盟し、システムの運営ノウハウを習得してリフォーム事業に取組んでいる。

　フランチャイズオーナー主催のオーナー研修、店長オリエンテーション、クロージング研修、営業研修に参加している。また、フランチャイズオーナーが作成した実践マニュアル（コミュニケーション編、コーディネイト編、設計編）、各種手引き（運営、人材採用等）で教育している。

　店舗の運営、販売、販促の仕方（チラシ、折込広告など）について、フランチャイズオーナーと噛み合わないこともあったが、議論を交わすことでわかり合えるようになった。フランチャイズオーナーに対しては、1年目はチラシへの問合せ件数に対する受注件数を報告。2年目からは年間事業計画の作成を依頼し（チラシ配布数から受注見込みを立てる）、それを基に予算を立てた。

資料提供：富士土木㈱

Step6
事業化推進の原動力、コーディネーターの活用

　事業化を推進するためには、原動力となる人材が不可欠である。
　建設工事の受注・施工を主たる事業としてきた中小・中堅建設業者は、新規事業の立ち上げ、企業連携における各種調整、公的支援機関等外部機関の有効活用等、事業化推進ノウハウを保有している企業が少ない。
　特に、新分野に進出する場合、中長期の目標を設定した上で、いつまでに何を行うか、妨げる課題は何か、それら課題を解決するためにどのような取組みが必要か等を明確にして事業を推進することが重要である。
　この点を解消するには、コーディネーター役として新規事業の立ち上げの実績が豊富な中小企業診断士、大手企業OB等の専門家を招聘することが得策である。

Points

○事業化推進にはコーディネーターを置くことが重要である。

○相応しい専門家としては、新規事業の立ち上げの実績が豊富な中小企業診断士、大手企業OBがあげられる。

中小・中堅建設業者が新分野進出する場合、事業化推進ノウハウの不足により、効率的・効果的に事業が推進できていないケースが多く見受けられる。

これまでの新分野進出の事例では、新分野のテーマ発掘から事業化の推進に至るまで、社長をはじめとする経営陣がリーダーシップを発揮しているケースが多い。しかし、本業である建設工事の営業活動で忙しい社長は、本格的に新事業を検討することは時間的制約があり、たとえ新分野進出の芽を見出したとしても、それを育てることや見極めることが難しいケースが多い。

また、建設工事の受注・施工を主たる事業としてきた中小・中堅建設業者の多くは、以下のような点は不得意である。

・新分野のテーマを見つけ出すための情報収集
・公的支援機関・公的支援制度の活用
・大学等の技術的専門家の活用
・事業化の推進（いつまでに何を行うか。そのための課題は何か。課題を解決するためにどのような取組みが必要か等）
・事業採算性の検討
・企業連携する場合の企業間調整、実効的な会議の進め方

これらの点を解消するためには、原動力となるコーディネーター役が不可欠である。

新分野進出事例の中には、社長が新分野のテーマを見つけたら、事業化推進のため、コーディネーター役として専門家を招聘し、これら不得意な部分を専門家に委ね、効率的・効果的に事業化の検討を進めている事例が見受けられる。

相応しい専門家としては、新規事業の立ち上げの実績が豊富な中小企業診断士、技術コンサルタント、大手企業ＯＢがあげられる。

1. 他産業の異業種交流

製造業では中小企業の新分野進出に異業種交流が活発である。

中小企業による異業種交流

a．異業種交流の現状
・全国で約3,000の異業種交流グループ（平成13年度）
・グループの規模は、小規模の場合3〜4社、大規模になると100社超もある。

b．異業種交流のパターン
　異業種交流の平均的なパターンとして、グループを結成後、概ね1〜2年は情報交換を主とする交流段階。その後、新商品・新技術・新事業開発段階に移行。2年半〜3年半の開発期間を経て、事業化段階に移行。

c．コーディネーター（カタライザー）の重要性
　異業種交流では、多くの場合、事務処理、運営企画、日程調整、予算執行等を行う事務局機能をもったコーディネーター（カタライザーと称す）を設置。

＜静電気防止機器を開発した異業種交流＞

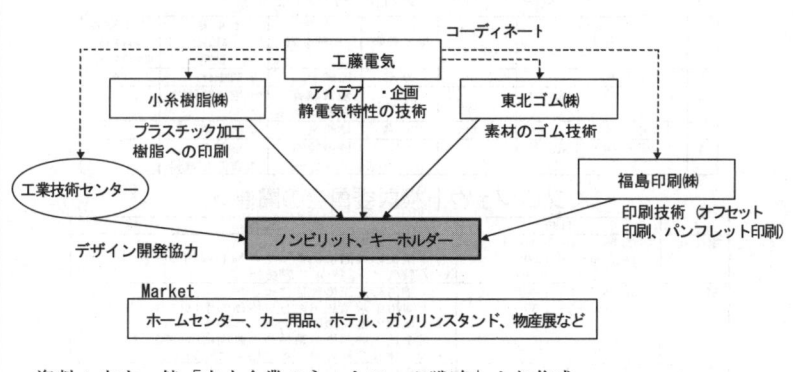

```
                    コーディネート
          ┌──────工藤電気──────┐
          │   アイデア・企画       │
   小糸樹脂㈱  静電気特性の技術   東北ゴム㈱
  プラスチック加工                素材のゴム技術
  樹脂への印刷                        │
                                  福島印刷㈱
 工業技術センター                 印刷技術（オフセット
                                  印刷、パンフレット印刷）
          ↓
     ノンビリット、キーホルダー
   デザイン開発協力
        Market
  ホームセンター、カー用品、ホテル、ガソリンスタンド、物産展など
```

資料：中山　健「中小企業のネットワーク戦略」より作成

2. コーディネーターの活用

事例　太平産業㈱による重金属汚染土壌処理事業への進出

平成15年度、国土交通省「地域における建設産業再生のための先導的・革新的モデル事業構築の支援調査事業」採択

　本事業は、平成15年度、5社の企業連携により、重金属汚染土壌処理事業に関する事業化の検討を行ったものである。検討にあたっては、当該5社のメンバーおよびコーディネーターから成るプロジェクト検討委員会を設置。コーディネーター役には大手ゼネコンの技術コンサルタントを据える。

【コーディネーターの役割】
①各連携企業の役割分担の明確化及び企業間の調整
②プロジェクト委員会における事業化検討スケジュールの管理
③各種調査の実施
　→わが国の土壌汚染対策の実態調査
　→土壌汚染対策法および地方自治体の条例の把握
　→土地取引関係機関の動向調査
　→重金属土壌汚染対策技術の動向調査
　→大手建設会社等競合者の動向調査
④投資採算性の検討
　→フィージビリティスタディ（3段階：楽観的、ボーダー、悲観的）
⑤適当な公的助成、融資制度の紹介及び申請書類の作成指導

＜事業主体（団体）等の状況＞

No.	名称	資本金（千円）	従業員数	業種分野	本事業における役割	本事業における経費負担
1	太平産業㈱	33,000	40 名	機械土工	事業主体	100%
2	東海ジオテック㈱	20,000	24 名	地質調査・計量証明業	土壌汚染調査	－
3	広井建設㈱	20,000	36 名	建設業	建設工事	－
4	日立造船㈱・㈱気工社	－	－	機械設備メーカー	土壌処理・再資源化技術	－

＜プロジェクト検討委員会の開催＞

	日時	議題
第1回	平成15年10月10日（金）14:00～20:00	・委員会開催要領 ・事業化の検討にあたっての検討課題の整理 ・委員会メンバーの役割分担
第2回	平成15年11月4日（火）13:30～19:30	・土壌汚染対策の実態について ・土壌汚染対策法・地方自治体の条例について ・土地取引関係機関の動向について ・重金属土壌汚染対策技術の動向について ・大手建設会社等競合者の動向について
第3回	平成15年12月12日（金）13:30～19:30	・事業化方針の検討 　→　事業対象分野の絞り込み等 ・汚染土壌中間処理・再資源化プラントの技術検討 　→　洗浄処理工法、加熱処理工法の選定等
第4回	平成16年1月29日（木）13:30～19:30	・事業化検討結果 ・事業計画策定にあたっての検討課題の整理 ・今後の事業化スケジュール ・今後の委員会メンバーの連携方策

資料提供：太平産業㈱

Step7 ビジネスプランを練る

　目指す新分野が固まったらビジネスプランを具体的に練ってみよう。

　ビジネスプランは、事業化の可能性を見極めるため、①新分野への進出方法（新技術・新商品の開発等）の新規性・独自性、②進出する分野の市場の発展性、③競合他社との比較・優位性等について、独自に調査・検討を行い、進出する新分野が有望であることを確かめた上で、④販売方法、⑤投資採算性、⑥資金調達計画、⑦人材の確保・育成等の具体的な検討を行う。

　新分野進出に係る公的支援制度の活用にあたっては、申請時にビジネスプランの書類審査を受ける場合があり、そこでの活用も念頭に置き、第三者に理解されるため、わかりやすく簡潔明瞭に、しっかりとしたビジネスプランをつくることが必要である。

Points

○ビジネスプランは、新分野進出方法の新規性等を見極め、有望な事業であることを検証した上で、販売方法、資金調達計画等、事業化の具体的な検討を行う。

○公的支援制度の活用にあたり、ビジネスプランの審査を受ける場合があるので、わかりやすく、しっかりとしたものを作成することが必要である。

1. ビジネスプラン作成のポイント

　公的助成制度の申請書類への活用を想定し、ビジネスプラン作成のポイントを以下に示す。

①新分野への進出方法（新技術・新商品の開発等）の新規性・独自性
　開発する新技術・新商品の新規性・独自性については、進出する分野の現状の技術・工法・商品等を整理した上で、これらのコスト、性能、生産効率等の面での課題を抽出し、開発する新技術・新商品がそれらの課題の解決策を満たしているかを説明する。

②市場の発展性
　進出する分野の市場が今後成長するかどうかを示す。これまでに述べてきたようにリフォーム分野、環境分野等の市場の伸びは予測されており、これらデータを使ってうまく説明する。

③競合他社との比較・優位性（大手との差別化）
　建設関連分野において、新技術・新商品を開発する場合、大手総合建設会社等との比較・優位性を検討し、彼らが参入しにくいような、いわゆるニッチ市場（隙間市場）を狙う必要がある。
　ニッチ市場進出のポイントを以下に示す。
　　a．地域密着型のビジネスであること。
　　b．特定の狭い分野にターゲットを絞り込むこと。

④販売方法
　中小・中堅建設業者の新分野進出の大きな課題に販路の開拓がある。開発した新商品等をいかに売り込んでいくかが非常に難しい。
　請負業である建設業は、多くの会社が技術指向であり、新技術を開発する意欲は高い傾向にある。しかし、たとえ新規性のある商品を開発したとしても、大手流通業者にマージンをとられることを嫌い、独自に販売しようと試み、失敗するケースも多い。
　販売が得意でない業者は、可能な限り新商品を開発する段階からその分野を専門とする流通業者のアドバイスを受ける。市場ニーズの高い新商品を開発し、販売は当該流通業者のルートを活用することで成功の確率は高まる。

⑤投資採算性
　投資採算性の検討にあたって、支出は初期投資とランニングコスト、収入は売上がメインになる。商品の販売を行う場合は価格設定が重要である。どの程度売上が見込めるかは不明確であるが、売上を何段階か想定し、①楽観

的売上、②ボーダーライン、③悲観的売上のように3段階のシナリオを描き、シミュレーションすることが有効である。
　悲観的売上においては、経営リスクが明らかとなり、投資に見合う経営体力があるかどうかの判断につながる。本業の経営状況が厳しく経営体力が十分ではない企業は、リスク分散を図るため、企業連携が有効な手段となる。

⑥資金調達計画
　⑤において、初期投資、ランニングコスト等の新分野進出に必要な資金を算出したら、それをどのような方法で調達するのか検討する。公的融資制度の活用は重要なポイントである。

⑦人材の確保・育成
　新分野進出を担当する人材の確保・育成が必要である。本業の施工部門から配置転換するか、新たに雇用するかの判断が必要になる。
　新たに人材を確保する場合、後述する、雇用関連の公的助成金の活用が有効である。

クリック！

☆中小企業庁のHPではビジネスプラン作成のポイントを掲載
http://www.chusho.meti.go.jp/sogyo/essence/support_04.html

公的支援制度活用の申請書類例：
㈶愛知県中小企業振興公社「事業可能性評価事業」

　愛知県の中小企業支援センターである㈶愛知県中小企業振興公社では、成長の可能性が高く、雇用拡大等、地域経済に貢献する有望な事業を発掘・支援することを目的に、事業可能性評価事業を行っている。
　本事業の申込対象者は、新規性や独創性のある「事業計画」を持ち、愛知県内で新分野進出・創業等を行おうとする中小企業者で、審査の結果、A評価（事業成立可能性大）を受けたプランは、「ベンチャー企業等支援資金」（県制度融資）の対象となる等の事業実施に向け愛知県、㈶愛知県中小企業振興公社等による公的支援が行われる。
　このような事業可能性評価事業は、東京都等、他の都道府県でも行われている。以下、本事業の申込書に記載のポイントを示すが、進めようとしている事業計画の内容について、いかに的確で詳細な計画が立てられているかがポイントとなる。

2. 事業計画書の記入のポイント

事業可能性評価申込書

以下、手書き文字は(財)愛知県中小企業振興公社「事業計画書記入マニュアル」より抜粋。

様式1

事業可能性評価申込書

平成　年　月　日

財団法人愛知県中小企業振興公社理事長　様

郵便番号　〒
住　所
企業名(個人)
代表者　　　　　　　　　　　　　印
TEL：　　　　　　　FAX：
URL：
E－mail：

設立（創業予定）年月	年　　月	資本金	万円
従　業　員	人（内パート　　　　　　人）			
代表者の経歴	〔(最終) 学歴〕	〔特記事項〕	
	〔職務経歴〕（具体的に）		
業種及び事業内容			
主な生産品又は販売品目			
主要販路(販売)先			
保有技術特許等			

（注）創業者の場合は、該当項目のみ記入

事業計画書

1　事業計画の概要（可能性評価を受ける内容）

〔新規事業名〕_____

①この事業を必要とする社会的ニーズ（背景）

　記入のポイント（以下、同）：
　時代と共に、経済・社会環境の変化によって、必要とされる製品やサービスも変わってくるが、新たな事業を始める場合は、その事業が社会にとって必要かどうかが大きなポイントになる。従って、この事業を思いついたきっかけ及びやろうとする夢も含めて記入。

②事業目的・内容・開始予定

　事業の必要性をふまえて、どんなアイデアで事業を行うのか、分かりやすくポイントを記入。また、事業開始（予定）について記入。

③事業に関連する経営陣の経験・能力、資格等

　事業を成功に導くには、経営者はじめ経営陣の経験や能力が重要なファクターとなる。
　技術の他、営業の経験や類似の事業に従事した経験、事業の実施に必要な免許や資格等を持っている場合は、具体的に記入。

2　技術等（サービス・システム）の新規性・独自性

①新技術等の特色及び原理（従来技術等との相違）

　新技術（サービス、システム）の新規性、独自性等について、その原理を踏まえながら、従来技術（サービス、システム）との比較優位性の観点から記入。

②技術向上のための研究開発課題

　現状の技術（サービス、システム）レベル、スタッフでは解決できない問題点、今後の克服すべき課題等について列挙し、その解決見通し（大学等他機関との協力の可能性も含む）について記入。

3　生産方法・商品化の可能性
①生産（提供）方法等

　　製品（サービス）の生産（提供）方法を記入。生産（提供）過程で必要な原材料、設備投資、人員（人材）、技術（ノウハウ）等生産（提供）体制を踏まえて、できるだけ分かりやすく記入。

②商品化の可能性及び問題点

　　新製品の試作品等の有無を含めて、商品（サービス）化の可能性（実現性）及び期間（又は時期）について記入。また、製品（サービス）として量産化（事業化）する場合の問題点や生産（提供）上の課題について記入。

4　販売・マーケティングの方法
①販売価格、価格設定方針

　　新たな製品（サービス）について、顧客への標準販売価格、卸売価格等を具体的に記入。また、価格の設定に関する方針や戦略についても記入。具体的には、顧客のニーズに合った価格であるか、競合相手と比較して優位性があるか、設定した価格で事業採算性があるか等について記入。

②販売方法、ＰＲ方法等

　　優れた製品（サービス）でも、顧客にその製品（サービス）を知ってもらわなければ売れないが、潜在顧客に対して、製品（サービス）をどのように知らしめ、アプローチしていくか。効果的な販売ルート（物流体制を含む）及び顧客へのPR方法等について、具体的に記入。

5 製品（サービス）の市場性

①市場規模（予想顧客数、潜在需要額等）

　製品（サービス）の販売ターゲットについて、誰が、どのように利用するか（客層）と言う観点からまとめる。また、この販売ターゲットとなる顧客の数（予想顧客数）や市場の規模（潜在需要額）を出来るだけ具体的数値を用いて記入。

②市場の状況（成長市場か成熟市場か）

　その市場の現状と将来性について、成長性という観点から記入。なお、成熟市場であっても、事業の組立て方によって、大きな利益を生む可能性があるので、販売方法や事業全体の優位性と関連づけて、市場の状況を記入。

6 競合商品、競合他社との比較優位性

①類似の製品（サービス）、競合他社の状況

　全く新しい製品（サービス）を開発したと考えても、どこかに類似の製品（サービス）が存在するものである。厳密に調査をして、類似製品（サービス）の名称、競合他社の企業名等の状況について記入。

②類似の製品（サービス）との違い・優位性

　上記の類似製品（サービス）と比較して、自社の製品等が優れている点と、具体的に（できれば数字をあげて）記入。併せて、不利と見込まれる点も記入。

7　資金調達、投資採算性
①資金調達の目途
　　投資額に対する資金調達の目途について、計画書を基に記入。特に、借入金の場合の予定金融機関、借入条件（利率、借入期間等）について見込みと記入。

②投資採算、黒字化の見込み
　　事業立上げ後の売上及び当期利益について、利益計画に基づいて記入。売上等計画数値の実現可能性及び事業黒字化の時期の見込み等について、顧客ニーズ等を踏まえて記入。

8　要員計画、人材確保等
①現状の組織及びスタッフ・要員
　　新事業立上げのための部門別の組織・人員配置について記入。

②人材不足の部門・分野
　　新事業立上げ上、弱い部門、不足する人員等について記入。

③要員・人材確保の方策等
　　不足スタッフの補充方法及び社員能力向上のための教育訓練等について記入。

9 　情報技術（ＩＴ）の活用・戦略性

①社内のＩＴ体制

　　社内における情報の共有化、業務の合理化、効率化等の整備状況について記入。

②広報及び顧客ニーズ収集上のＩＴ戦略

　　インターネットの取組み状況及び電子商取引の活用策、新規顧客の獲得等について記入。

10 　その他

① 　その他アピール

②事業展開上予想される課題、問題点

③希望する支援策等

(注)各項目について、用紙に記入しきれない場合は、別紙（Ａ４版）に記入して添付する。
（添付資料）直近の決算書３期分、会社概要、製品（サービス）カタログ等

当該事業の投資計画及び資金調達計画　　　　　　　　　　　（単位：千円）

項　目		第　　　期 （平成　年　月期）		第　　　期 （平成　年　月期）		第　　　期 （平成　年　月期）	
		数量	金額	数量	金額	数量	金額
投資計画	土地						
	建物・構築物						
	機械（名称）						
	車両						
	器具・備品						
	その他						
	合計						
資金調達	借入金						
	増資						
	自己資金						
	その他						
	合計						

当該事業の売上・利益計画　　　　　　　　　　　　　　　　（単位：千円）

事業・商品別計画 （事業名・商品名）	第　　　期 （平成　年　月期）	第　　　期 （平成　年　月期）	第　　　期 （平成　年　月期）
売　上　高　計			
当　期　利　益			

(注)　(1) 損益計画の①売上高及び⑨当期利益と一致させる。
　　　(2) 売上高は、商品別に「予定単価×予定販売数量」で算出する。
　　　(3) 商品数が多いときは、平均単価で算出する。

当該事業に係る人員計画　　　　　　　　　　　　　　　　（単位：人）

部門	第　　期（平成　年　月期）		第　　期（平成　年　月期）		第　　期（平成　年　月期）	
	人　数	(内)パート	人　数	(内)パート	人　数	(内)パート
生産						
研究開発						
管理						
営業						
その他						
合　計						

（注）売上計画・利益計画と関連させること。

当該事業に係る損益計画　　　　　　　　　　　　　　　　（単位：千円）

項　　　目	第　　期（平成　年　月期）	第　　期（平成　年　月期）	第　　期（平成　年　月期）
①売上高			
原材料費			
労務費			
減価償却費			
その他経費			
②売上原価			
③粗利益(①−②)			
人件費			
その他経費			
④経費合計			
⑤営業利益(③−④)			
⑥営業外損益			
⑦経常利益(⑤+⑥)			
⑧法人税等			
⑨当期利益(⑦−⑧)			

注）(1) 売上原価は、簡便法で「単位原価×予定販売数量」でも可。
　　(2) 仕入れ費用はすべて「原材料費」に記入。
　　(3)「労務費」は直接製造にたずさわるものの人件費とし、[人件費]はそれ以外のものの人件費とする。
　　(4)「営業外損益」は支払利息等を記入。
　　(5)「売上原価」の「減価償却費」は直接製造にたずさわる設備などの償却費とし、それ以外の建物などの償却費は「経費合計」の「その他経費」とする。
　　(6)「法人税等」は、利益の出ていない（損失）年度は、ゼロ、利益の出た年度は「経常利益」の2分の1とする。

資料提供：(財)愛知県中小企業振興公社

Step8
公的支援制度をフルに活用しよう

　中小・中堅建設業者が新分野進出を推進するには、各種公的助成制度の活用を図ることが有効である。

　現在、国をあげて中小企業の経営革新支援が推進され、公的な予算規模も膨らみ、各種支援メニューが拡充されている。しかしながら、これまでの公的支援メニューの活用実績は十分とはいえず、これら公的助成制度を有効活用し、新分野進出等により自社の経営革新を図る企業の出現が期待されているところである。

　代表的なものには、平成17年4月に制定された「中小企業新事業活動促進法（中小企業の新たな事業活動の促進に関する法律）」に基づく公的支援があげられる。

　その他にも、国、地方公共団体、公益法人等による様々な助成金、補助金等の公的支援がある。これらの詳細をみてみよう。

Points

○中小・中堅建設業者が新分野進出を進めるには各種公的助成制度の活用が有効である。

○新分野進出を後押しする公的支援制度には、代表的な「中小企業新事業活動促進法」によるものの他、国、地方公共団体等の様々な助成金、補助金等がある。

8-1 中小企業新事業活動促進法に基づく支援制度の活用

●●● 中小企業新事業活動促進法とは ●●●

平成17年4月に成立・施行された中小企業新事業活動促進法とは、これまでの中小企業者を支援する3つの法律である①中小企業経営革新支援法、②新事業創出促進法、③中小企業の創造的事業活動の促進に関する臨時措置法を再編成するとともに、企業連携により新事業を開拓するという「新連携」に対象する支援を新たな柱に加え、中小企業への支援措置を拡充したものである。

新分野を目指す中小建設業者は、この中小企業新事業活動促進法の中の「新連携」、「経営革新」の対象となる公的認定を受け、各種公的助成制度を戦略的に活用することが有効である。

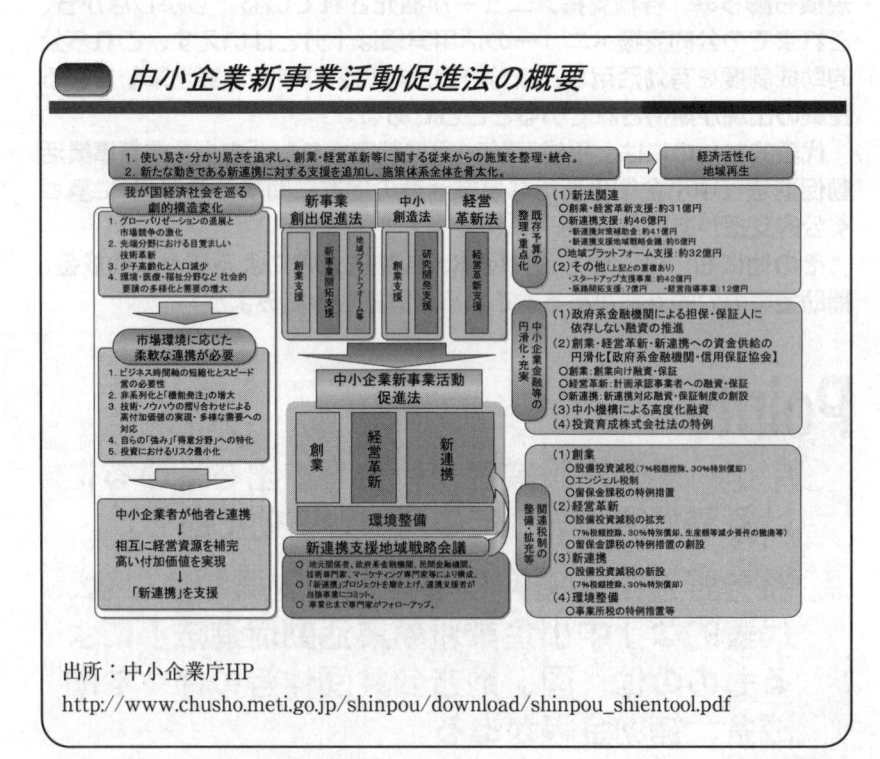

■ 中小企業新事業活動促進法の概要

出所：中小企業庁HP
http://www.chusho.meti.go.jp/shinpou/download/shinpou_shientool.pdf

1. 新連携支援

　新連携支援とは、他社との連携を図ることにより新分野を開拓しようとする中小企業者を対象に、経済産業省（地方経済産業局）の認定を受けたところに各種助成等を行うものである。

　この窓口は、各地方ブロックに設置されている中小企業基盤整備機構支部内にある新連携支援地域戦略会議事務局であるが、そこの担当者の話によると、本支援の主な対象は、認定後、1年以内に新事業を実施する見込みのある事業者であり、申請すれば、認定に至るまでの段階においても手厚い指導が行われるとのことである。

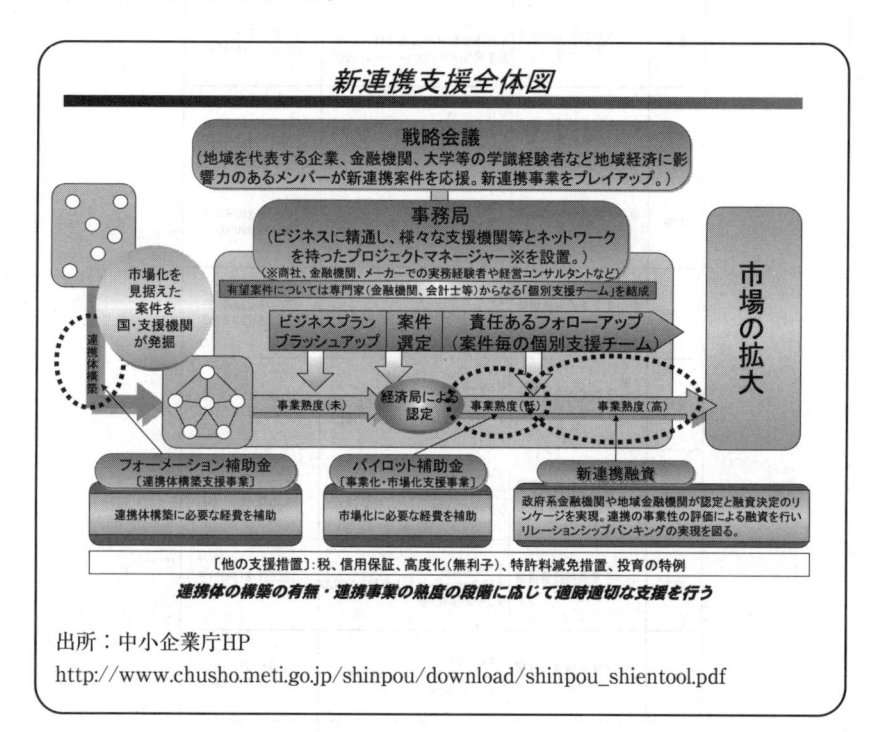

新連携支援全体図

戦略会議
（地域を代表する企業、金融機関、大学等の学識経験者など地域経済に影響力のあるメンバーが新連携案件を応援。新連携事業をプレイアップ。）

事務局
（ビジネスに精通し、様々な支援機関等とネットワークを持ったプロジェクトマネージャー※を設置。）
（※商社、金融機関、メーカーでの実務経験者や経営コンサルタントなど）
有望案件については専門家（金融機関、会計士等）からなる「個別支援チーム」を結成

市場化を見据えた案件を国・支援機関が発掘

ビジネスプランブラッシュアップ → 案件選定 → 責任あるフォローアップ（案件毎の個別支援チーム）

経済局による認定

事業熟度（未） → 事業熟度（暫） → 事業熟度（高）

市場の拡大

フォーメーション補助金〔連携体構築支援事業〕
連携体構築に必要な経費を補助

パイロット補助金〔事業化・市場化支援事業〕
市場化に必要な経費を補助

新連携融資
政府系金融機関や地域金融機関が認定と融資決定のリンケージを実現。連携の事業性の評価による融資を行いリレーションシップバンキングの実現を図る。

〔他の支援措置〕：税、信用保証、高度化（無利子）、特許料減免措置、投資の特例

連携体の構築の有無・連携事業の熟度の段階に応じて適時適切な支援を行う

出所：中小企業庁HP
http://www.chusho.meti.go.jp/shinpou/download/shinpou_shientool.pdf

●●● 新連携認定の手順 ●●●

① 新連携支援地域戦略会議事務局等への問い合わせ

まずは、最寄りの新連携支援地域戦略会議事務局に問い合わせを行う。

新連携支援地域戦略会議事務局 連絡先一覧

地域	設置場所	住所	電話・FAX
北海道	中小企業基盤整備機構 北海道支部	〒060-0807 札幌市北区北7条西4丁目5-1 伊藤110ビル8階	TEL011-738-1365 FAX011-738-1372
東北	中小企業基盤整備機構 東北支部	〒980-6023 仙台市青葉区中央四丁目6-1 住友生命仙台中央ビル(SS30)23階	TEL022-716-1751 FAX022-716-1752
関東	中小企業基盤整備機構 関東支部	〒105-8453 東京都港区虎ノ門3-5-1 虎ノ門37森ビル1階	TEL03-3433-8226 FAX03-5470-1573
中部	中小企業基盤整備機構 中部支部	〒460-0003 名古屋市中区錦2-9-29 ORE名古屋伏見ビル4階	TEL052-220-0516 FAX052-220-0517
北陸	中小企業基盤整備機構 北陸支部	〒920-0031 石川県金沢市広岡3-1-1 金沢パークビル6階	TEL076-223-6100 FAX076-223-5762
近畿	中小企業基盤整備機構 近畿支部	〒540-6591 大阪市中央区大手前1-7-31 大阪マーチャンダイズマートビル11階	TEL06-6910-3866 FAX06-6910-3867
中国	中小企業基盤整備機構 中国支部	〒730-0017 広島市中区鉄砲町7-18 東芝フコク生命ビル8階	TEL082-502-7246 FAX082-502-7247
四国	中小企業基盤整備機構 四国支部	〒760-0019 高松市サンポート2-1 高松シンボルタワー高層棟7階	TEL087-811-3515 FAX087-811-3516
九州	中小企業基盤整備機構 九州支部	〒810-0001 福岡市中央区天神1-14-4 大和生命福岡ビル8階	TEL092-771-6212 FAX092-771-0800
沖縄	中小企業基盤整備機構 沖縄事務所	〒901-0152 那覇市小禄1831-1 沖縄産業支援センター4階	TEL098-859-7566 FAX098-859-5770

出所：中小企業庁HP
http://www.chusho.meti.go.jp/shinpou/download/shinpou_shientool.pdf

② 必要書類の作成

異分野連携新事業分野開拓計画に係る認定申請書を作成する（様式は170頁参照）。

新連携支援地域戦略会議事務局はプロジェクトマネージャー（中小企業診断士、公認会計士、技術コンサルタント等）を配置し、プロジェクトマネージャーによる申請書の書き方、ビジネスプランの作成方法等に対する指導を行っている。

また、新連携支援地域戦略会議事務局は認定申請書提出先の地方経済産業局と連携をとっているので、認定に関する相談は、新連携支援地域戦略会議事務局に行うことが有効である。

③ 申請書の提出・認定

地方経済産業局に認定申請書を提出した後は、事業評価委員会等による認定審査があり、それに合格すると、地方経済産業局長の認定が受けられ、それに伴い希望する支援措置を受けることができるようになる。また、個別支援チームによる事業のフォローアップが行われ、事業化まで引き続き支援を受けることができる。

新連携に関わる公的助成の主なものを以下に示す。ただし、利用する場合は、別途審査等が必要になる。

新連携対象支援制度

1) フォーメーション補助金

連携体を構築する企業を対象に、連携構築に資する規程の作成（連携企業の役割分担、責任分担等を明文化する）、マーケティング調査、コンサルタント（中小企業診断士、公認会計士、特定分野の技術の専門家等）等にかかる経費を補助する。補助の上限は330万円。

2) パイロット補助金

新連携計画（異分野連携新事業分野開拓計画）の認定を受けた連携体が行う事業の市場化に必要な取り組みを支援する。例えば、新商品開発のための実験、試作、マーケティング、研究会等にかかる経費を補助する。補助の上限は3,000万円。

3) 新連携融資

中小企業金融公庫、国民生活金融公庫、商工組合中央金庫等による新連携融資が受けられる。

例：中小企業金融公庫　貸付限度額　設備資金7.2億円（うち運転資金2.5億円）

4) 信用保証の特例

運転資金等の事業資金に関し、通常の付保限度額と同額の別枠を設ける等の支援措置を講じる。

信用保険の特例

	通常の付保限度額	別枠
普通保険	2億円（組合は4億円）	2億円（組合は4億円）
無担保保険	8,000万円	8,000万円
特別小口保険	1,250万円	1,250万円

5) IPA債務保証

連携するためのツールとしてITを活用する場合、ソフトウェアの開発・購入資金、ソフトウェア開発者の教育・研修資金について無担保で債務保証を行う。

6）設備投資減税

機械装置等について、取得価格の7%の税額控除または初年度30%の特別償却を認める。

7）投資育成会社による支援

資本額3億円を超える株式会社を設立する場合、中小企業投資育成株式会社が、株式の引き受けにより資金調達を支援する等。

8）特許料減免措置

技術開発に係る特許申請を行う場合、審査請求料・特許料を半額に軽減する。

9）高度化融資

新商品の生産、研究開発等に関わる施設の整備に必要な資金を、高度化融資により支援する。

【制度概要】
(1) 貸付対象者（次の要件のいずれにも該当する任意グループ）
　　ア．構成員が4人以上
　　イ．構成員の2/3以上が認定中小企業者
(2) 貸付対象資金：土地、建物、構築物、設備
(3) 貸付金利：無利子
(4) 貸付期間：20年以上
(5) 貸付割合：90%

異分野連携新事業分野開拓計画に係る認定申請書の様式

様式第1

異分野連携新事業分野開拓計画に係る認定申請書

年 月 日

主務大臣名　殿

　　　　　　　　　　　　　　住　所
　　　　　　　　　　　　　　名称及び
　　　　　　　　　　　　　　代表者の氏名　　　　　　印

　中小企業の新たな事業活動の促進に関する法律第11条第1項の規定に基づき、別紙の計画について認定を受けたいので申請します。

（備考）
1　記名押印については、氏名を自署する場合、押印を省略することができる。
2　用紙の大きさは、日本工業規格A4とする。

（記載要領）
　申請者は以下の要領に従って、異分野連携新事業分野開拓計画の必要事項を記載し、中小企業の新たな事業活動の促進に関する法律第11条第3項の認定要件を満たすことを示すこと。

1　異分野連携新事業分野開拓の目標
　　開拓する新たな事業分野について、別表1の該当する欄に記載し、需要の開拓がなされる計画であることを示すこと。新事業活動の内容については、新事業活動の類型に則して、具体的に記載すること。

2　異分野連携新事業分野開拓を共同で行う大企業者又は異分野連携新事業分野開拓の実施に協力する者（以下「協力者」という。）がある場合は、当該大企業者又は協力者の名称及び住所並びにその代表者の氏名
　　該当する者がある場合には、別表1の該当する欄に記載すること。

3　異分野連携新事業分野開拓の内容及び実施時期
　　次の要領により別表2に記載すること。
(1)　番号は、1、2、1-1、1-2、1-1-1、1-1-2というように、実施項目を関連付けて記載すること。
(2)　実施項目は、具体的な実施内容を記載すること。

(3)　評価基準は、定量化できるものは定量化した基準を設定することとするが、定性的な基準でも可とする。
　(4)　評価頻度は、自ら計画の進捗状況を評価する頻度又は時期を毎日、毎週、毎月、隔月、半年、1年、半年後、1年後などと記載すること。
　(5)　実施時期は、実施項目を開始する時期を4半期単位で記載すること。1－1は初年の最初の四半期に開始、3－4は3年目の第4四半期に開始することを示す。

4　異分野連携新事業分野開拓における連携の態様
　連携参加者の経営資源の組合せの態様及び異分野連携新事業分野開拓を共同で行う事業者間の規約等の整備状況を別表3の該当する欄に記載し、連携により新事業分野開拓が可能となることを示すこと。各連携参加者の役割分担が明確になるように記載すること。また、連携の核となる中小企業者とその役割についても具体的に記載すること。

5　連携参加者が提供する経営資源の内容及びその組合せの態様
　異分野連携新事業分野開拓のために提供する経営資源について、中小企業者、大企業者又は協力者ごとに別表3の該当する欄に記載すること。

6　異分野連携新事業分野開拓を実施するために必要な資金の額及びその調達方法
　別表4に記載すること。資金調達額については、計画期間の間のみ記載すること。資金調達合計額と各負担者の負担額の合計が一致するように記載すること。

7　その他
　別表1の業種は、日本標準産業分類に掲げる細分類項目と番号（四桁）を記載すること。
　別表2の実績欄は、異分野連携新事業分野開拓計画が実施された後、申請者が計画の実施状況を把握することを容易にするためのもので、申請の段階で記載する必要はないが、計画の進捗に応じ以下のとおり記載すること。
　　実施状況　◎計画どおり実行できた。○ほぼ計画どおり実行できた。
　　　　　　　△実行したが不十分だった。×ほとんど実行できなかった。
　　効果　◎効果が十分上がった。○ほぼ予定の効果が得られた。△少し効果があった。×ほとんど効果がなかった。
　　対策　実施状況に応じて、追加対策を実施することとした場合は、追加した実施項目を別表2に記載すること。

(別表1)
異分野連携新事業分野開拓計画

事業名	

申請者	新事業活動の類型
名　称： 代表者名：	計画の対象となる類型全てに丸印を付ける。 1．新商品の開発又は生産 2．新役務の開発又は提供 3．商品の新たな生産又は販売の方式の導入 4．役務の新たな提供の方式の導入その他の新たな事業活動

異分野連携新事業分野開拓の目標
①新事業活動の内容 ②市場のニーズ ③市場の規模 ④競合する事業者、事業分野等との比較・相違点 ⑤需要の開拓の規模

連携参加者（中小企業者）		
	①名称、②住所、③代表者名	④資本金、⑤従業員数、⑥業種（細分類番号）
1		
2		
3		
4		

連携参加者（大企業者・協力者）		
	①名称、②住所、③代表者名	④資本金、⑤従業員数、⑥業種（細分類番号）
1		
2		
3		

(別表2)
実施計画と実績(実績欄は申請段階では記載する必要はない。)

番号	計画				実績		
	実 施 項 目	評価基準	評価頻度	実施時期	実施状況	効果	対策

(別表3)
異分野連携新事業分野開拓における連携の態様

連携参加者の経営資源の組合せの態様

異分野連携新事業分野開拓を共同で行う事業者間の規約等の整備状況

連携参加者（中小企業者）

	名称	異分野連携新事業分野開拓のために提供する経営資源 （設備、技術、知識、技能等）
1		
2		
3		
4		

連携参加者（大企業者・協力者）

	名称	異分野連携新事業分野開拓のために提供する経営資源 （設備、技術、知識、技能等）
1		
2		
3		

(別表4)
経営計画及び資金計画　　　　　　　　　　　　(単位 千円)

	1年後 (年 月期)	2年後 (年 月期)	3年後 (年 月期)	4年後 (年 月期)	5年後 (年 月期)
①売上高					
②売上原価					
③売上総利益（①-②）					
④販売費及び一般管理費					
⑤営業利益					
⑥減価償却費					
⑦設備投資額					
⑧運転資金額					
⑨資金調達額合計（⑦+⑧）					
1　（負担者名）					
政府系金融機関借入	(　)	(　)	(　)	(　)	(　)
民間金融機関借入	(　)	(　)	(　)	(　)	(　)
自己資金	(　)	(　)	(　)	(　)	(　)
その他	(　)	(　)	(　)	(　)	(　)
2　（負担者名）					
政府系金融機関借入	(　)	(　)	(　)	(　)	(　)
民間金融機関借入	(　)	(　)	(　)	(　)	(　)
自己資金	(　)	(　)	(　)	(　)	(　)
その他	(　)	(　)	(　)	(　)	(　)
3　（負担者名）					
政府系金融機関借入	(　)	(　)	(　)	(　)	(　)
民間金融機関借入	(　)	(　)	(　)	(　)	(　)
自己資金	(　)	(　)	(　)	(　)	(　)
その他	(　)	(　)	(　)	(　)	(　)
4　（負担者名）					
政府系金融機関借入	(　)	(　)	(　)	(　)	(　)
民間金融機関借入	(　)	(　)	(　)	(　)	(　)
自己資金	(　)	(　)	(　)	(　)	(　)
その他	(　)	(　)	(　)	(　)	(　)
5　（負担者名）					
政府系金融機関借入	(　)	(　)	(　)	(　)	(　)
民間金融機関借入	(　)	(　)	(　)	(　)	(　)
自己資金	(　)	(　)	(　)	(　)	(　)
その他	(　)	(　)	(　)	(　)	(　)

2. 経営革新

中小建設業者の新分野進出を支援する中小企業新事業活動促進法のもう一つの柱は、「経営革新」である。これは、中小企業経営革新支援法に基づくものと同様のものととらえてよい。その概要を以下に示す。

経営革新計画の認可（都道府県知事等による）を受けることができれば、いわゆる「お墨付き」を得ることができ、新分野進出事業に対する社会的信用が増すとともに、補助金、融資等、各種支援制度を活用することができる。ただし、この場合、別途審査が必要になる。

経営革新計画の概要

a. 対象者
- 中小建設企業の場合、資本金3億円以下あるいは従業員300人以下の企業。ただし、複数の中小企業者による申請可能。
- 組合の場合、事業協同組合、協業組合、企業組合等。複数の組合等による申請可能。

b. 計画の承認手続き

Step1　都道府県担当部局（商工労働部等）等への問い合わせ

経営革新計画の内容、申請手続き、支援措置の内容等の相談。都道府県中小企業支援センター、商工会・商工会議所、中小企業団体中央会等でも相談を受け付けている。

Step2　経営革新計画書の作成

都道府県担当部局にある経営革新計画の承認申請書に必要事項を記載する。Step1で示した機関では、申請書の書き方、ビジネスプランの作成方法等のアドバイスを行っている。

Step3　都道府県担当部局への申請書の提出

信用保証、融資、補助金等の公的助成を受けることを希望する場合、関係機関と連絡をとるようにする。

Step4　都道府県知事等の承認

支援機関等の審査で支援措置等が決定。

c. 経営革新計画の内容

以下のような当該企業の事業活動の向上に大きく資するものである。

○新商品の開発または生産　　○新サービスの開発または提供
○商品の新たな生産または販売方式の導入
○新たなサービスの提供方式の導入　○その他の新たな事業活動

---

d. 経営革新計画の経営目標

1）経営革新計画の計画期間

　承認の対象となる経営革新計画の計画期間は3～5年間。

2）経営目標の指標

　経営目標の指標は、次に示す付加価値額および1人あたりの付加価値額。

---
1. 付加価値額　＝　営業利益＋人件費＋減価償却費
2. 1人あたりの付加価値額　＝　付加価値額／従業員数

3）承認の対象となる経営目標

　経営革新計画の承認には、上記いずれかの指標について、5年間の計画の場合、5年後までの目標伸び率が15％以上、3年間の場合は9％以上、4年間の場合は12％以上。

e. 主たる支援制度の概要

　申請した経営革新計画が承認された場合、各種支援措置が利用できる。主たる支援策を以下に示す。ただし、利用する場合は、別途審査等が必要になる。

1）経営革新補助金

　経営革新のために行う①市場動向等調査、②新商品・新技術等開発、③販路開拓、④人材養成等の経費の一部補助。県承認の場合、補助率の2/3を限度。

2）経営革新融資

　国民生活金融公庫、中小企業金融公庫、商工組合中央金庫等から、設備資金、長期運転資金を対象とする低利融資を受けることができる

　　例：中小企業金融公庫　貸付限度額　設備資金7.2億円（うち運転資金2.5億円）

3) 高度化融資制度

中小企業組合を対象に、①集団化事業（工場・店舗等の集団化）、②施設集約化（建物の共同利用形態）、③共同施設、連鎖化（施設の共同利用形態）、④設備リース、⑤経営改革、⑥企業合同等の高度化事業を無利子融資の対象。

4) 設備投資減税

機械装置等（一定額以上）について、取得価格の7%の税額控除または初年度30%の特別償却を認める。

5) 信用保証の特例

運転資金等の事業資金に関し、通常の付保限度額と同額の別枠を設ける等の支援措置。

信用保険の特例

	通常の付保限度額	別枠
普通保険	2億円（組合は4億円）	2億円（組合は4億円）
無担保保険	8,000万円	8,000万円
特別小口保険	1,250万円	1,250万円

6) 投資育成会社による支援

中小企業投資育成株式会社が、資本額3億円を超える株式会社の設立に際して株式の引き受けにより資金調達を支援する等。

7) 小規模設備資金の特例

設備の導入を行う小規模起業者等（従業員50人以下）は無利子融資を受けられる。

貸付限度額	6,000万円（所要資金の2/3以内）
貸付利率	無利子
償還期間等	7年以内（公害防止等施設12年以内）、据置1年以内
担保・保証人	連帯保証人または物的担保

8) 特許料減免措置

技術開発を行う研究開発事業に係る特許申請を行う際の審査請求料・特許料を半額に軽減する。

9) 高度化融資

高度化事業を実施する組合等に対し、資金支援を行う。

3. 経営革新計画の承認事例

改正前の中小企業経営革新支援法に基づく経営革新計画の承認を受けた事例を紹介する。

事例 1 太平産業㈱の経営革新計画

経営革新計画　　　　　　　　　　　　　　　　別表1

申請者名	実施体制
太平産業株式会社	社長を委員長とする社内検討委員会を設置。また、汚染土壌処理メーカー（熱処理、洗浄処理各1社）からの技術協力、協力関係にある大手ゼネコンからの事業アドバイス等の企業連携を実施。

経営革新計画の基本類型	経営革新の目標
計画の対象となる類型全てに丸印を付ける。 1．新商品の開発又は生産 ②．新役務の開発又は提供 3．商品の新たな生産又は販売の方式の導入 4．役務の新たな提供の方式の導入その他の新たな事業活動	経営革新のテーマ： <u>重金属汚染土壌処理・再資源化事業への進出</u> 当社は建設工事及び建設工事から排出される汚泥の中間処理等事業を行ってきたが、近年、建設投資の減少に伴い売上が減少し、厳しい経営状況に置かれている。このため、経営革新の柱として重金属汚染土壌の中間処理・再資源化プラントを建設し、土壌汚染対策ビジネスという新分野に進出することを経営判断した。 事業化の検討としては、昨年度、国土交通省「地域における建設産業再生のための先導的・革新的モデル構築の支援調査事業」の採択を受け、異業種連携（実施体制の欄参照）によるプロジェクト検討委員会を設置し、市場調査・法規制調査、技術検討、概算事業費の算出、長期事業収支の検討等を行い、その結果、本事業は採算性が見込める有望な事業であるという結論に達した。 今後は、積み残した課題の解決策を見出し、その上で、重金属汚染土壌処理プラントの建設に着手する。 この事業をもって経営革新を進めていくこととしている。

業種名・資本金	
産業廃棄物処理業（Q85） 建設業（E0621） 資本金 3,300万円	

経営革新の概要及び既存事業との関係

　当社は、昭和38年に会社設立後、機械土工の専門工事業者として道路工事、宅地並びに工業用地造成工事等を手がけてきた。また、廃棄物処理事業にも進出し、建設汚泥中間処理プラント「豊田ODCセンター」を所有し、建設工事で発生する汚泥の中間処理・再資源化事業を行ってきた。このような事業の継続により、当社は土工事・水処理の技術力とともに汚泥の中間処理・再資源化ノウハウ等を蓄積してきた。当社が経営革新の柱とする重金属土壌汚染処理・再資源化事業は、本業に近く進出がしやすい分野である。
　土壌汚染対策ビジネスは、平成15年2月に土壌汚染対策法が施行されたことなどにより、今後、市場の成長が期待される分野といわれている。

	経営の向上の程度を示す指標	現　状（円）	計画終了時の目標伸び率（計画期間）（％）
1	付加価値額	461,110,000-	39％ (17年4月～22年3月（5年計画）)
2	一人あたりの付加価値額	10,723,000-	30％

別表2

実施計画と実績（実績欄は申請段階では記載する必要はない。）

番号	計画				実績		
	実施項目	評価基準	評価頻度	実施時期	実施状況	効果	対策
1	重金属汚染土壌処理プラントの建設	当初事業費要求仕様	18カ月後	1-1			
1-1	プラント処理工法の確立	市場ニーズと処理コスト	半年後	1-1			
1-2	プラント建設に対する地元の合意形成	地元合意の有無	半年後	1-2			
1-3	プラント建設に係る各種規制への対応	各種規制の基準	半年後	1-2			
1-4	プラント建設に係るVE・コストダウン	当初概算事業費比較	半年後	1-3			
1-5	プラントの建設	要求仕様	半年後	2-1			
2	営業体制の確立	売上高	毎月	2-1			
2-1	営業員の確保・育成	必要人数（2名）	半年後	2-1			
2-2	新規顧客の獲得	売上高	毎月	2-2			
2-3	再資源化商品の販売	売上高	毎月	2-3			
3	重金属汚染土壌処理方法の確立	原価率	毎月	2-1			
3-1	プラント処理担当員の確保・育成	必要人数（4名）	半年後	2-1			
3-2	安全管理体制の確立	安全衛生委員会	毎月	2-3			
3-3	処理ノウハウの習得	ISO基準	毎月	2-3			
3-4	処理コストの削減	原価率	毎月	2-3			
3-5	最終処分量の減量化	原価率	毎月	2-3			

別表3

経営計画及び資金計画

参加中小企業者名　太平産業株式会社

（単位　千円）

	2年前	1年前	直近期末	1年後	2年後	3年後	4年後	5年後
付加価値額	XXX,XXX	XXX,XXX	XXX,XXX	XXX,XXX	XXX,XXX	XXX,XXX	XXX,XXX	XXX,XXX
一人あたりの付加価値額	XX,XXX	XX,XXX	XX,XXX	XX,XXX	XX,XXX	XX,XXX	XX,XXX	XX,XXX
売上高	X,XXX,XXX	X,XXX,XXX	X,XXX,XXX	X,XXX,XXX	X,XXX,XXX	X,XXX,XXX	X,XXX,XXX	X,XXX,XXX
売上原価	X,XXX,XXX	X,XXX,XXX	X,XXX,XXX	X,XXX,XXX	X,XXX,XXX	X,XXX,XXX	X,XXX,XXX	X,XXX,XXX
一般管理費	XXX,XXX	XXX,XXX	XXX,XXX	XXX,XXX	XXX,XXX	XXX,XXX	XXX,XXX	XXX,XXX
営業利益	XXX,XXX	XXX,XXX	XXX,XXX	XXX,XXX	XXX,XXX	XXX,XXX	XXX,XXX	XXX,XXX
人件費	XXX,XXX	XXX,XXX	XXX,XXX	XXX,XXX	XXX,XXX	XXX,XXX	XXX,XXX	XXX,XXX
従業員数	XX.X	XX.X	XX.X	XX.X	XX.X	XX.X	XX.X	XX.X
うち新たに雇い入れる従業員	-	-	-	X	X.X	X	X	X
設備投資額	XX,XXX	XX,XXX	XX,XXX	X	XX,XXX	XX,XXX	XX,XXX	XX,XXX
減価償却費	XX,XXX	XX,XXX	XX,XXX	XX,XXX	XX,XXX	XX,XXX	XX,XXX	XX,XXX
資金調達額　政府系金融機関借入	-	-	-		XXX,XXX			
民間金融機関借入	-	-	-			XX,XXX	XX,XXX	XX,XXX
自己資金					XX,XXX	XX,XXX	XX,XXX	XX,XXX
その他								
合　計	-	-	-		XXX,XXX	XX,XXX	XX,XXX	XX,XXX

（付加価値額等の算出方法）

人数、人件費に短時間労働者、派遣労働者に対する費用を算入しましたか。

（はい・いいえ）

減価償却費にリース費用を算入しましたか。（はい・いいえ）

従業員数について就業時間による調整を行いましたか。（はい・いいえ）

別表 4

設備投資計画

参加中小企業者名　太平産業株式会社

(単位　千円)

	機械装置名称　（導入年度）	単　価	数量	合　計　金　額
1	土壌汚染処理プラント（2年度）	88,000-	1式	88,000-
2	上記建設費　　（2年度）	61,000-	1式	61,000-
3	上記土工事費　（2年度）	50,000-	1式	50,000-
4	燃焼プラント建設費（2年度）	170,000-	1式	170,000-
5	上記工事費　　（2年度）	30,000-	1式	30,000-
6	受変電設備　　（2年度）	20,000-	1式	20,000-
7	汚染濃度分析機器（2年度）	15,000-	1式	15,000-
8	運搬専用車両の購入（3年度）	10,000-	2台	20,000-
9	場内専用重機の購入（4年度）	10,000-	2台	20,000-
10	運搬専用車両の購入（5年度）	10,000-	2台	20,000-

資料提供：太平産業㈱

事例 2 ㈱バンテックの経営革新計画

経営革新計画

(別表1)

申請者名・資本金・業種	実 施 体 制
株式会社　バンテック 代表取締役　鈴木　和芳 資本金　3,000万円 業種　電気機械器具製造業	(大学・公設試・企業など連携先がある場合は記載する。) 宇都宮大学　大学院工学研究科
経営革新計画の基本類型	経営革新の目標

計画の対象となる類型全てに丸印を付ける。
① 新商品の開発又は生産
2. 新役務の開発又は提供
3. 商品の新たな生産又は販売の方式の導入
④ 役務の新たな提供の方式の導入
　その他の新たな事業活動

経営革新計画のテーマ：

「非常用及び作業現場用固体高分子型燃料電池システムの開発・販売」

当社では固体高分子型燃料電池を利用した非常用電源システムを開発し、販売を始めた。このシステムはこれまでUPS(無停電電源装置)では困難であった停電時の長時間バックアップ(24時間以上)を永年培った配電・制御技術を応用し、最新の制御技術を駆使して可能とした。また、作業現場用燃料電池システムは作業環境及び地球環境悪化の原因である炭酸ガス、黒煙、騒音等を全く出さないクリーンな発電機として研究・開発を進めている。この発電機はトンネル等の閉所作業や学校・病院周辺工事などあらゆる環境において有望なシステムである。

大手にない機動性と合わせの技術を生かし、非常用・作業現場用燃料電池システムを世界に普及させたい。

経営革新の概要及び既存事業との関係

昭和52年以来、主に配電盤・制御盤の製造販売及び電気計装工事の事業活動(現在売上高：約6億円)を行っており、電気工事においては売上の約15%を占めいている。

しかし、近年の電気工事業界の動向を見ると建設関連投資の激減により受注が減少し、販売価格の低迷と短納期対応によって安定した事業を展開していくことが困難になりつつある。そこで当社ではこの閉鎖的状況から脱するために、従来の事業内容に加えて、製造業と電気工事業、両方の知見から燃料電池システムの開発に取り組んでいる。

クリーンな電源装置である燃料電池の事業を新たな柱として、昨年エコシステム部を開設し、燃料電池を利用した非常用電源装置を今年度より販売開始した。このシステムはIT関連やコンビニ、病院などの24時間電源(停電対策)を必要とする業界において需要が見込める。また、作業現場用燃料電池システムは2005年を目処に製品化し販売開始予定である。これらの燃料電池システムは定期検査やメンテナンスが必須であり、メンテナンスリースまたはレンタル販売方式を採用し信頼性のある商品として提供する。

当社が開発している作業現場用燃料電池システムは、今年度国土交通省の建設業再生のための新分野進出のモデル事業にも採用された。これからの電気工事・製造業業界において新たな未来を切り開き、さらなる事業展開を行っていきたい。

	経営の向上の程度 を示す指標	現　状（円）	計画終了時の目標伸び率 (計画期間)　(%)
1	付加価値額	146,153,000	252.4% (2004年7月～2007年6月3年計画)
2	一人あたりの 付加価値額	6,354,478	131.6%

(別表2)

実施計画と実績（実績欄は申請段階では記載する必要はない。）

番号	計画 実施項目	評価基準	評価頻度	実施時期	実績 実施状況	効果	対策
1	バックアップ用電源装置						
1-1	技術開発	出力特性 安定性	毎週	1-1〜3-4			
1-2	営業開発		3ヶ月	1-1〜3-4			
1-3	売上高		3ヶ月	1-2〜3-4			
2	作業現場用電源装置						
2-1	技術開発	出力特性 安定性	毎週	1-1〜3-4			
2-2	営業開発		3ヶ月	1-1〜3-4			
2-3	売上高		3ヶ月	1-1〜3-4			
3	水素センサー						
3-1	技術開発	使いやすさ	毎日	1-1〜1-2			
3-1	営業開発		毎日	1-1〜3-4			
3-2	売上高		3ヶ月	1-1〜3-4			

社長はじめ、中小企業診断士の工藤先生、宇都宮大学吉原先生による推進委員会を設置する。

経営計画及び資金計画 (別表3)

参加中小企業者名　株式会社　バンテック　　　　（単位　千円）

		2年前	1年前	直近期末	1年後	2年後	3年後
付加価値額		xxx,xxx	xxx,xxx	xxx,xxx	xxx,xxx	xxx,xxx	xxx,xxx
一人あたりの付加価値額		x,xxx	x,xxx	x,xxx	x,xxx	xx,xxx	xx,xxx
売上高		xxx,xxx	xxx,xxx	xxx,xxx	xxx,xxx	x,xxx,xxx	x,xxx,xxx
	売上原価	xxx,xxx	xxx,xxx	xxx,xxx	xxx,xxx	xxx,xxx	xxx,xxx
	一般管理費	xx,xxx	xx,xxx	xx,xxx	xx,xxx	xx,xxx	xx,xxx
営業利益		xx,xxx	xx,xxx	xx,xxx	xx,xxx	xxx,xxx	xxx,xxx
人件費		xx,xxx	xxx,xxx	xxx,xxx	xx,xxx	xxx,xxx	xxx,xxx
従業員数		xx	xx	xx	xx	xx	xx
	うち新たに雇い入れる従業員数	—	—	—	x	x	x
設備投資額					xx,xxx	xxx,xxx	
減価償却費		x,xxx	x,xxx	x,xxx	x,xxx	xx,xxx	xx,xxx
資金調達額	政府系金融機関借入	—	—	—	x	xxx,xxx	x
	民間金融機関借入	—	—	—	x		x
	自己資金				x		x
	その他				x		x
	合　計	—	—	—	x	xxx,xxx	x

（付加価値額等の算出方法）
　人数、人件費に短時間労働者、派遣労働者に対する費用を算入しましたか。
　　　　　　　　　　　　　　　　　　　　　　（◯はい・いいえ）
　減価償却費にリース費用を算入しましたか。　（◯はい・いいえ）
　従業員数について就業時間による調整を行いましたか。（はい・◯いいえ）

(別表4)

設備投資計画

参加中小企業者名　株式会社バンテック

(単位：円)

	機械装置名称　（導入年度）	単　価	数　量	合　計　金　額
1	新工場（２００６年）	200,000,000	1	200,000,000
2	燃料電池設試験機（２００４年）	5,000,000	1	5,000,000
3	水素発生装置（２００４年）	7,000,000	1	7,000,000
4	製造ライン（２００４年）	4,500,000	1	4,500,000
5	試験装置（２００４年）	300,000	5	1,500,000
6	水素配管工具類（２００４年）	900,000	1	900,000
7	防爆用電磁弁ユニット（２００４年）	200,000	3	600,000
8	作業台（２００４年）	100,000	5	500,000

資料提供：㈱バンテック

8-2　各種公的支援制度の活用

　8-1で紹介した中小企業新事業活動促進法に基づく支援制度の他にも、国、地方公共団体、公益法人等による各種公的支援制度がとりそろえられている。
　新分野進出を対象とする公的支援制度を分類すると、以下のとおり大きく4つに分けることができる。

公的支援制度の分類

1．経営相談、経営指導
　公的機関により、新分野進出に関わる経営相談、経営指導、関連情報の提供を受けるもので、対象となる公的機関では的確なアドバイスを行えるよう中小企業診断士、公認会計士、技術コンサルタント等を配置している（詳しくはStep2参照）。

2．新事業実施に係る資金的支援、税制措置
　新分野進出に必要な初期投資資金、運転資金等の融資や、設備投資に係る税制面での優遇措置を行うものである。

3．技術開発・新商品開発等に関する助成制度
　新分野の核となる技術開発、新商品開発に対する助成制度の他、中小企業新事業活動促進法で支援対象とする「新連携」のような複数の企業による共同開発に対する助成制度、市場開拓・販路開拓のような中小企業の新分野進出の最大の課題である「どのようにして売っていくのか」に対する助成制度等がある。

4．人材の確保・育成に関する助成制度
　新分野進出に必要な人材を新たに雇用したり、既存の社員を配置転換し進出する新分野に対応できるよう必要な教育訓練を行ったりすることに対する助成制度である。

188　Step 8　公的支援制度をフルに活用しよう

1.「J─NET21」で使える助成金を調べてみよう

　J─NET21は、中小企業基盤整備機構が運営する中小企業のビジネスを支援するポータルサイトである。

　ここには、「資金調達ナビ」があり、以下のように、カテゴリー別、都道府県別に使える資金、助成金を検索することができる。

出所：中小企業基盤整備機構ＨＰ
http://j-net21.smrj.go.jp/srch/navi/index.jsp

また、「支援情報ヘッドライン」では、助成制度の公募等に関する最新情報を入手することができる。

出所：中小企業基盤整備機構ＨＰ
http://j-net21.smrj.go.jp/headline/support/indexa1.shtml

190　Step 8　公的支援制度をフルに活用しよう

2．中小企業支援センターには直接出かけ、詳しい助成金情報を入手しよう

　都道府県ごとに設置されている中小企業支援センターは、地域に密着した中小・中堅建設業者にとっては身近な存在である。ここでは、各種公的支援制度に関する情報提供を行っている。ＨＰで助成金・補助金を詳しく紹介している中小企業支援センターもある。

　ＨＰで助成金・補助金の概要を把握したら、直接訪問し、実際に、どのようにすれば助成金・補助金を受けられるか相談してみる。

クリック！

☆都道府県等中小企業支援センター一覧（住所、TEL等記載、各HPにリンク。再掲）
http://www.chusho.meti.go.jp/shien_shindan/todou_sien.html

㈶愛知県中小企業振興公社のＨＰによる補助金・助成金一覧

　市町村毎に対象となる補助金・助成金が紹介されている。

出所：㈶愛知県中小企業振興公社ＨＰ
http://www.aibsc.jp/joho/joseikin/index.html

事例 1 ㈶東京都中小企業振興公社の事業可能性評価事業

　数多くの中小企業支援センターでは、事業可能性評価事業を行っている。この事業は、中小企業者により申請された事業プランを評価し、事業の成立可能性の高いと認められたものについて、事業化に至るまで各種公的支援を行うものである。

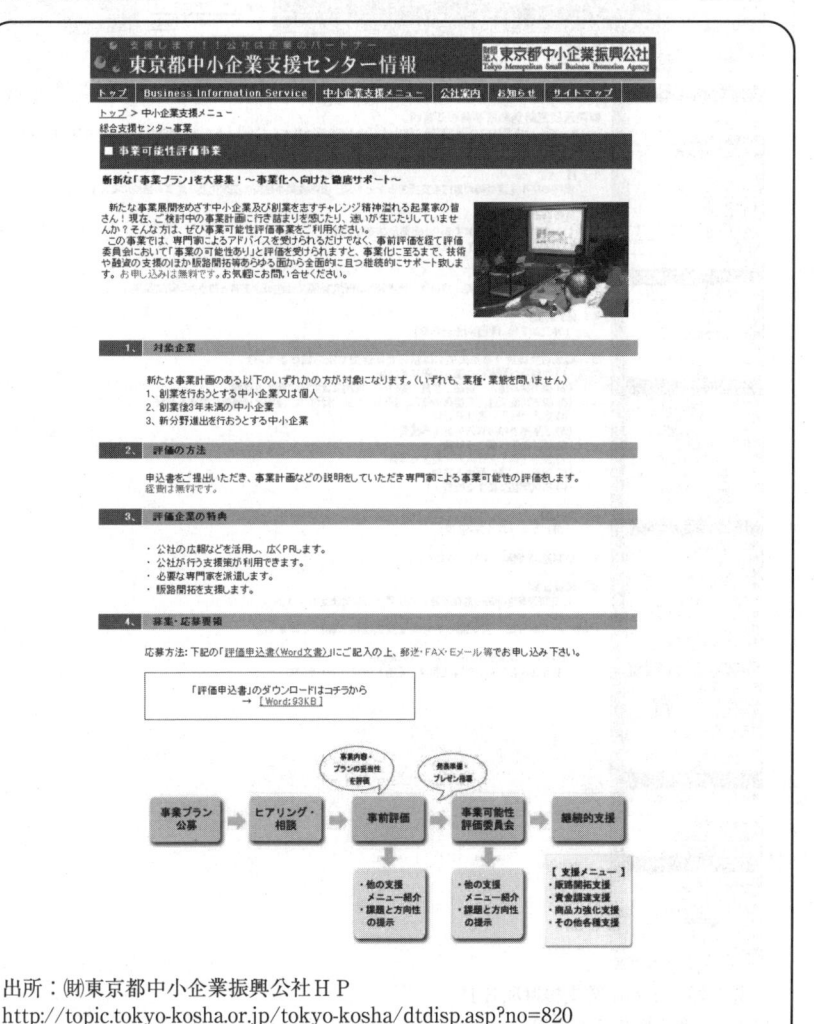

出所：㈶東京都中小企業振興公社ＨＰ
http://topic.tokyo-kosha.or.jp/tokyo-kosha/dtdisp.asp?no=820

事例 2 ㈶かがわ産業支援財団の研究開発助成事業

㈶かがわ産業支援財団では、芦原研究開発助成事業という名称で、中小企業等の自主研究開発、大学等の研究機関や他企業との共同研究開発を対象に、年間300万円までの研究助成を行っている。

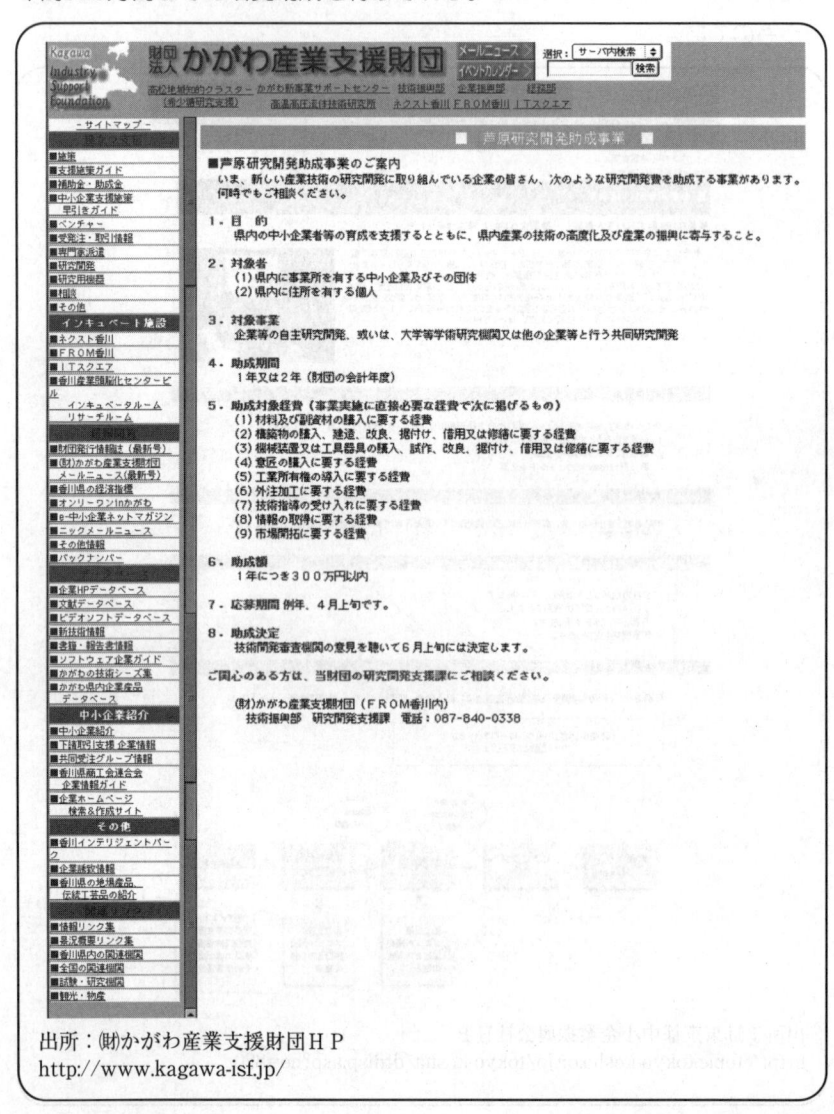

出所：㈶かがわ産業支援財団HP
http://www.kagawa-isf.jp/

事例 3 ㈶栃木県産業振興センターの販路開拓支援事業

㈶栃木県産業振興センターでは、中小企業の新分野進出の大きな課題である販路開拓を支援するため、販売チャネルをもつ大企業ОＢ等で構成される支援団体によるアドバイスや顧客の紹介を行う市場展開支援事業を行っている。

財団法人 栃木県産業振興センター　　　　　　トップページ

県内企業Webサイト検索 ｜ とちぎ研究者Web検索 ｜ 栃木県中小企業支援センター ｜ サイトマップ

●● **市場展開支援事業** ●●

豊富なビジネス経験を有する団体が販路開拓等を支援します。

（財）栃木県産業振興センターでは、販路開拓に関する新しい支援策として「市場展開支援事業」を創設しました。
　この事業は、新しい販売先の開拓や顧客ニーズを製品開発に反映したいと考える中小企業者等の方に、豊富なビジネス経験やネットワークを有する大企業のOB等で構成される支援団体（特定非営利活動法人 経営支援NPOクラブ）が、新製品の販売網構築に係るアドバイスや顧客の紹介等を行うものです。
　新商品等の開拓でお悩みの方は、是非ご活用ください。

※申込書類等は、ここをクリックしてください。（Word形式）

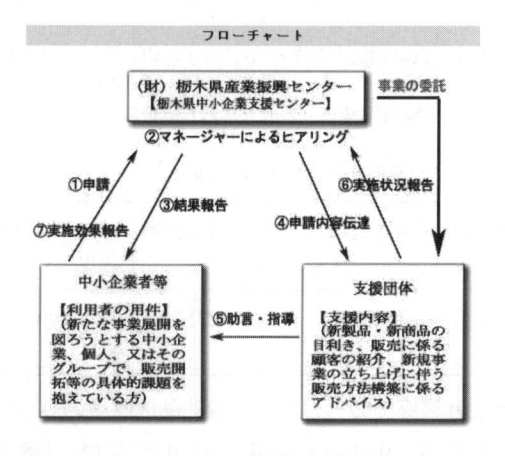

フローチャート

```
              (財)栃木県産業振興センター
              【栃木県中小企業支援センター】      事業の委託
              ②マネージャーによるヒアリング  ←───
       ①申請  ↓      ↑ ③結果報告    ⑥実施状況報告
       ⑦実施効果報告           ④申請内容伝達   ↓
   中小企業者等      ←─────────→    支援団体
   【利用者の用件】      ⑤助言・指導      【支援内容】
   (新たな事業展開を                    (新製品・新商品の
   図ろうとする中小企                   目利き、販売に係る
   業、個人、又はその                   顧客の紹介、新規事
   グループで、販売開                   業の立ち上げに伴う
   拓等の具体的課題を                   販売方法構築に係る
   抱えている方)                        アドバイス)
```

利用回数	年間3回まで（1回3時間以内）となります。
利用料金	指導助言に係る費用は無料です。 ただし、支援団体の事務所までの旅費等は利用者の実費負担となります。
申込方法	申込書類（ここからダウンロードできます。Word形式）にご記入の上、郵送・FAXにてご送付いただくか、栃木県中小企業支援センターマネージャーまでご連絡ください。 Tel 028-670-2607（直通） Fax 028-670-2611

出所：㈶栃木県産業振興センターＨＰ
http://www.tochigi-iin.or.jp/shijyoutenkai/top.htm

3. 政府系金融機関からの資金調達等

政府系金融機関には、①中小企業金融公庫、②国民生活金融公庫、③商工組合中央金庫、④全国信用保証協会連合会等があるが、これらの機関では、新分野進出に必要な初期投資資金、運転資金等の融資等を行っている。

政府系金融機関一覧

名称	相談窓口	電話番号	HPアドレス
中小企業金融公庫	東京相談センター	03-3270-1260	http://www.jasme.go.jp
	名古屋相談センター	052-551-5188	
	大阪相談センター	06-6345-3577	
	福岡相談センター	092-781-2396	
国民生活金融公庫	東京相談センター	03-3270-4649	http://www.kokukin.go.jp
	名古屋相談センター	052-211-4649	
	大阪相談センター	06-6536-4649	
商工組合中央金庫	広報室相談センター	03-3246-9366	http://www.shokochukin.go.jp
全国信用保証協会連合会	業務企画部	03-3271-7201	http://www.zenshinhoren.or.jp

これら政府系金融機関のHPでは、公的助成制度の詳しい情報が掲載されている。例えば、中小企業金融公庫のHPには、「資金の使い道による検索」コーナーが設けられており、対象となる公的助成制度がすぐに検索できるようになっている。

中小企業金融公庫ＨＰの助成制度検索

資金の使いみちによる検索

融資制度検索に戻る

該当する項目をチェックしてください。（複数選択可能）

【全般】
- ☐ 従来にない製品の提供や技術・ノウハウの活用等により、成長性が見込まれる新たな事業に進出したい
- ☐ 異業種・新分野へ進出したい、新製品・新たな生産・販売方式を導入したい
- ☐ 雇用増を伴う設備投資を行いたい
- ☐ 海外投資をしたい、海外子会社を支援したい
- ☐ ＩＳＯ１４００１の認証を取得したい
- ☐ 経営改善、経営再建に取り組みたい
- ☐ 情報技術（ＩＴ）の普及変化に関連した事業環境の変化に対応するため、情報化投資をしたい
- ☐ 新たな技術を利用した事業展開を図りたい
- ☐ 新規開業して５年以内の女性、若年者または高齢者であり、事業展開を図りたい
- ☐ 親事業者の事業活動の変更等により経営に影響を受けていることに対処したい
- ☐ 公害防止施設を取得したい

【設備資金について】
- ☐ ＮＯＸ・ＰＭ法に基づき排出基準適合車に買い換えたい
- ☐ 省エネルギー型の自走式作業用機械、プレス機等の施設を取得したい
- ☐ 高齢者、身体障害者等の利用に配慮したホテル、旅館、店舗などを建設したい
- ☐ 国又は地方公共団体が造成した工業等団地に進出したい
- ☐ 石油代替エネルギー（ガス、太陽光等）を使用するための設備を設置したい

【長期運転資金について】
- ☐ 金融環境の変化により資金繰りに困難をきたしており、長期運転資金を導入したい
- ☐ 経済環境の変化により売上高が減少しており、長期運転資金を導入したい

【業種、地域などについて】
- ☐ 卸売業（又は小売業、又は飲食業、又はサービス業）を営んでおり、経営の合理化をするための設備投資等を行いたい
- ☐ 災害復旧のための資金を導入したい
- ☐ 倉庫業（又は道路貨物運送業、又は水運業、又は港湾運送業）を営んでおり、貨物物流の近代化・合理化を図りたい
- ☐ 高度技術産業集積地域などで事業展開を図りたい

【認定計画などについて】
- ☐ 経営革新法に基づき承認された経営革新計画を行いたい
- ☐ 集積活性化法に基づき知事承認された事業計画を行いたい

[検索]　[クリア]

出所：中小企業金融公庫ＨＰ
http://www.jasme.go.jp/jpn/search/search1.html

4. 人材関連の公的助成は(独)雇用・能力開発機構に相談してみよう

　人材の確保・育成に関する公的助成制度は、(独)雇用・能力開発機構に相談することが近道である。(独)雇用・能力開発機構のＨＰでも対象となる助成金の概要を調べることができる。

　ＨＰで概要を把握したら、最寄りの(独)雇用・能力開発機構都道府県センターに出かけ、詳しい話を聞いてこよう。

　(独)雇用・能力開発機構都道府県センター一覧は104頁参照。

助成金制度一覧

◆ 産業・業種団体のみなさまへ

◆ 事業主のみなさまへ

◆ 起業家のみなさまへ

◆ 勤労者、離転職者及び一般のみなさまへ

◆ 勤労者財産形成促進制度

出所：(独)雇用・能力開発機構ＨＰ
http://www.ehdo.go.jp/gyomu/index5.html

●●● 建設業の新分野進出における人材関連公的助成制度 ●●●

中小建設業者の新分野進出において、人材の確保・育成に関わる主な公的助成金は以下のとおりである。

【雇用開発に関する助成金等】
1. 中小企業基盤人材確保助成金

　新分野進出等、経営基盤強化のため基盤的な人材を雇い入れた場合、賃金の一部を助成する。また、基盤的な人材とともに一般の労働者を雇い入れた場合、その労働者を対象に助成を行う。ただし、都道府県による雇用改善計画の認定を受けることが必要。

> 支給額： 基盤的な人材は140万円（1企業5人を限度）。一般の労働者は、1人あたり30万円（1企業あたり基盤的な人材の雇い入れ数と同数を限度）

2. 建設業新規・成長分野定着促進給付金

　建設業の新規・成長分野に進出しようとする中小建設業者が、離職を余儀なくされた建設業労働者を雇い入れ、教育訓練を行った場合に助成する。

> 支給額： 雇い入れた対象労働者1人につき30万円

3. 建設業新規・成長分野教育訓練助成金

　建設業の新規・成長分野進出に必要な教育訓練を受講させた場合に助成する。

> 　支給額：
> （1）教育訓練実施給付金
> 　a．職場内での教育訓練実施費用
> 　　教育訓練実施費用の1/2（中小建設事業主にあっては2/3）
> 　b．職場外の施設に委託した教育訓練費用
> 　　教育訓練受講費用（入学料及び受講料）の1/2（中小建設事業主にあっては2/3）

(2) 教育訓練受講給付金
　　教育訓練受講期間に支払った賃金相当額として、雇用・能力開発機構が別に定めるところにより算定した額の1/2（中小建設事業主にあっては2/3）に相当する額に、教育訓練受講日数として雇用・能力開発機構が別に定めるところにより算定した日数を乗じて得た額。

【能力開発に関する助成金】
1．中小企業雇用創出等能力開発助成金
　新分野進出等のため従業員に教育訓練を行う場合の派遣費、運営費及び賃金、従業員に職業能力開発休暇を与える場合の賃金及び負担した援助費等の一部を助成する。ただし、中小企業労働力確保法による認定を受けていることが条件。

> 支給額：
> a．職業訓練受講に係る経費（職場内で自ら行う場合は、外部講師の謝金、必要な施設・設備の借料及び教科書その他の教材費の運営費。職場外の施設で行う場合は、入学料及び受講料の派遣費）または職業能力開発休暇期間中の教育訓練の受講に要した経費の1/2（1人1コース10万円を限度）
> b．職業訓練期間または職業能力開発休暇期間中の労働者の賃金の1/2

5. 国土交通省、㈶建設業振興基金による支援事業

　中小・中堅建設業者のグループや建設事業者団体が行う新分野進出、経営統合等、経営革新的な取組みで、地域における建設業の再編等のモデルケースになる可能性をもつ事業を対象に、平成15年度から「モデル事業構築のための支援調査事業」の公募が行われている。平成15年度は17件、平成16年度は42件の事業が採択された。

　平成17年度は、さらに採択事業者数の増加等、支援事業規模を拡大している。支援金額は1件当たり概ね2〜4百万円程度。調査・計画策定費や外部の専門家等のアドバイザーを活用した場合の諸謝金等への支出が認められている。

平成15年度地域における建設産業再生のための先導的・革新的モデル事業構築の支援調査事業
採択事業（全17件）一覧

NO.	事業主体名 （幹事企業・幹事団体名）	所在	事業テーマ
1	㈱日栄工業グループ	北海道苫小牧市	持株会社方式を導入した建設業の戦略的、多角的な事業計画の推進
2	北部檜山建設を考える2010の会（㈱内田建設）	北海道瀬棚郡北檜山町	「循環型農業構築のための家畜糞尿処理システムの実験・調査」
3	とりりおん北海道（加藤組土建㈱）	北海道函館市	「地質汚染調査・浄化」ビジネス事業スキームの構築
4	丸彦渡辺建設㈱グループ	北海道札幌市	仮想専用線を活用したIT基盤の高度化
5	㈿福島県建設産業団体連合会	福島県福島市	循環型社会に向けた「R産業」構想の事業化の検討
6	八光建設㈱グループ	福島県郡山市	地域間の企業連携による材料供給、設計・施工管理システム体制の構築
7	㈳日本建設大工工事業協会栃木支部（関沢工業㈱）	栃木県宇都宮市	作業の効率化を図る型枠金具の製作・試行
8	全国基礎工業協同組合連合会	東京都江戸川区	住宅・中低層集合住宅専用「小口径回転圧入鋼管杭」による新分野・新市場進出ビジネスの展開
9	マルチコントラクター協同組合	東京都新宿区	新型プラスティック型枠の販路開拓等の市場調査
10	東京都タイル煉瓦工事工業協同組合品川太田支部	東京都品川区	タイル資材・タイル工の海外直接共同調達
11	㈱吉田工務店グループ	神奈川県横浜市	型枠残材のリサイクル事業化
12	㈱夢ハウスグループ	新潟県北蒲原郡聖籠町	海外を拠点とした共同生産方式での住宅用資材生産事業
13	上田市建設事業協同組合	長野県上田市	建設業向けIT関連業務統合化事業計画策定
14	岐阜県建設業協会	岐阜県岐阜市	三次元デジタルによる建築数量積算業務の協業化事業に関する研究調査
15	太平産業㈱グループ	愛知県名古屋市	重金属汚染土壌処理・再資源化事業への進出
16	㈱のペンキ屋さんオブ・ジャパン㈱グループ	大阪府岸和田市	塗装FCによる住宅外壁塗装市場の確立
17	環境クリエイトグループ（大永建設㈱）	沖縄県浦添市	高級健康食品として安定供給できる沖縄特産アガリスク茸の生産システムの構築

資料提供：㈶建設業振興基金

☆詳しくは、㈶建設業振興基金HPヨイケンセツドットコム
http://www.yoi-kensetsu.com/

●●● 事例掲載企業一覧 ●●●

企業名	〒	住所	TEL/FAX	企業ＨＰアドレス等	頁
㈱シーク建築研究所	236-0004	横浜市金沢区福浦１－１－１横浜金沢ハイテクセンター・テクノコア6階	T 045-780-1155 F 045-780-1151	http://www.i-shec.jp	22
三由建設㈱	939-8073	富山県富山市大町19－10	T 076-425-7331 F 076-425-0344		26
加藤組土建㈱	040-0033	北海道函館市千歳町3－2	T 0138-23-7101 F 0138-26-6930	http://www.katogumi.com/	28
パルカ技研㈱	171-0014	東京都豊島区池袋２－46－７	T 03-5992-1110 F 03-3987-3510	http://www.palcagiken.co.jp	30
㈱奥田組	690-0003	島根県松江市東朝日町462-1	T 0852-21-5359 F 0852-27-7910	http://www.ecomighty.com	31
㈱佐々木工務店	999-8311	山形県飽海郡遊佐町小原田沼田8-8	T 0234-72-2485	http://www8.plala.or.jp/kskweb/	33
林建設工業㈱	998-0023	山形県酒田市幸町1-6-6	T 0234-23-3322	htttp://www.hayashikensetsu.co.jp	38
㈱アサノ不燃木材	910-0204	福井県坂井郡丸岡町山竹田102－3	T 0776-68-0680 F 0776-68-0610	http://www.viplt.ne.jp/WHCAY4PK/funen	49
玉田建設㈱	501-3134	岐阜県岐阜市芥見1-64	T 058-243-1014 F 058-241-8277	http://www.tamada-k.co.jp	51
㈱福島シーピー	963-0121	福島県郡山市三穂田町川田字西上ノ台23	T 024-953-2111 F 024-953-2113	http://www.f-cb.co.jp/index2.html	52
㈱フラワーロード	501-0602	岐阜県揖斐郡揖斐川町若松113	T 0585-22-6295 F 0585-22-6306		53
小澤工業㈱	960-1241	福島県福島市松川町字町端54	T 024-567-2056 F 024-567-2057	http://www.ozawakogyo.co.jp	56
㈱タツシン	710-0815	岡山県倉敷市日吉町476－4	T 086-422-7537 F 086-422-7508	http://www.flower-cone.co.jp	56
太平産業㈱	460-0008	愛知県名古屋市中区栄1丁目29-19ヤスイビル6F	T 052-223-2300 F 052-223-2304	http://www.taihei-i.co.jp	64
㈱細野建設	399-9511	長野県北安曇郡小谷村大字中土6533-3	T 0261-85-1312 F 0261-85-1437		66
工藤建設㈱	023-0841	岩手県水沢市真城字北鎧38-1	T 0197-23-4642 F 0197-25-7609	http://www.ku-dos.co.jp	75
㈱バンテック	329-2733	栃木県那須塩原市二区町321	T 0287-36-3398 F 0287-36-3397	http://www.vantec-jp.com/	76
佐藤道路㈱	103-0023	東京都中央区日本橋本町３－６－２	T 03-3662-5656 F 03-3662-5880	http://www.satoroad.co.jp/	81
日新建工㈱	606-0955	京都市左京区松ヶ崎雲路町17-1	T 075-724-1117 F 075-724-0388	http://www.dokakong.co.jp	90
㈱夢ハウス	957-0122	新潟県北蒲原郡聖籠町三賀288	T 0254-21-5511 F 0254-21-5669	http://www.yume-h.com/	93
井森工業㈱	742-1398	山口県柳井市大字伊保庄4907	T 0820-22-1500 F 0820-28-8510	http://www.imori.co.jp/	98
㈱田中住建	385-0021	長野県佐久市長土呂819-2	T 0267-67-4736 F 0267-67-1588	http://www.tanakajyuken.co.jp/	137
近畿基礎工事㈱	550-0015	大阪市西区南堀江3丁目14番12号	T 06-6535-0085	http://www.kinkikiso.co.jp/kinki/toppage.htm	140
富士土木㈱	401-0301	山梨県南都留郡河口湖町船津3499－6	T 0555-73-2222 F 0555-72-2224	http://www.refine.co.jp/shop/yamanashi/kawaguchiko.html	145

おわりに

建設業経営支援アドバイザーとして思うこと

　国土計画の目的が、「国土開発」の時代から「国土形成」の時代に移行してきている。地域の中小・中堅建設業者は、このような時代の変化を認識し、その中に地域の課題を見出し、先見性をもって将来の市場を捉え革新的な行動をとることが重要である。具体的には営んでいる事業それぞれについて、ビジネスの本質は何かを見極め再構築することであり、また地域のニーズに合った新分野事業を見出しその一歩を踏み出すことである。

　建設業の役割は単に建築物を造る事でなく、地域経済そして生活の基盤造りをすることだ。そこでは総合的なアプローチが重要になってくる。しかし、ばらばらなまちづくり推進の市町村建設計画が目立つ。特に合併特例債に基づく事業は、もっと総合的であって欲しい。都会から戻ってこられないまちに、経済復興など望めないと思っている。安全に、人間らしく住まうことができるまちづくりを形成することに地元業者はもっと注目して欲しい。

　現在、建設業経営支援アドバイザーとして、建設産業における「技術と経営に優れた企業」づくりの実現と地域経済活性化を目標に、地域の川上から川下までを視野に入れた建設業の革新的事業の総合的な経営支援活動に奔走している。それには現時点の建設業の状況を的確に判断した上で、目標達成に向け、行政はじめ異業種企業や専門家との連携を図り、深く戦略を練って進めることが必要であると思っている。また講演などを通じて中小・中堅建設業者の経営に大きなインパクトを与える、大幅に拡充されつつある公的支援制度の説明と活用の方法を勧めている。

　これからの10年を考え、新分野進出などを対象とした公的支援制度を積極的に活用し、地域の中小・中堅建設業者が地域のニーズを捉えた経営革新に取組み「技術と経営に優れた企業」づくりに邁進されることを願っている。

平成17年8月

工　藤　南　海　夫

著者略歴

高木　元也（たかぎ　もとや）

昭和36年生まれ。昭和58年名古屋工業大学工学部土木工学科卒。同年4月佐藤工業㈱入社。本四連絡橋、シンガポール地下鉄、中部電力㈱浜岡原子力発電所等の建設工事現場勤務等を経て、平成3年4月早稲田大学ビジネススクールに国内留学。平成4年4月総合研究所部門に配属後、建設産業政策、中小企業政策、産業安全（リスクマネジメント）等に関わる調査研究業務に従事。平成7年9月㈶建設経済研究所に社外出向。平成9年11月本社総合研究所主任研究員。平成16年6月同社退職。同年7月独立行政法人産業安全研究所入所、主任研究官。現在に至る。

著書：
「土木工事の施工計画作成演習テキスト」（日本コンサルタントグループ出版部）、「建設業におけるヒューマンエラー防止読本」（共著：大成出版社）、「建設業におけるヒューマンエラー防止対策」（労働調査会）

委員会等：
①㈶建設業振興基金、建設生産システム研究会委員（2005年度）
②大成出版社、建設業実務研究会座長（2002～2005年度）
③建設業労働災害防止協会、中小総合工事業者指導力向上に係る効果測定委員会委員（2004年度）
④㈶全国建設研修センター、土木施工管理教育・研修研究会委員（2004年度）
⑤㈶国土技術研究センター、ヒューマンエラー対策検討会委員（2003～2004年度）
⑥㈶全国建設業協会、建設業再生・再編・新分野進出検討WG委員（2003年度）

工藤　南海夫（くどう　なみお）

昭和22年生まれ。昭和47年秋田大学鉱山学部採鉱学科卒業。昭和52年中小企業診断士として経営研究室KUDOH開業。以後建材メーカー系列の経営指導、ガラスサッシ工事部門工事管理指導、建材システムの開発・導入支援などを手掛ける。
現在㈶建設業振興基金登録　建設業経営支援アドバイザーとして建設業者の新分野進出支援に携わるほか、全国各地で講演活動も精力的に行っている。

委員会等：
①㈶建設業振興基金登録　建設業経営支援アドバイザー
②㈳全国建設業協会　　建設業再生・再編・新分野進出検討WG委員
③㈶店舗システム協会　プロフェッショナル　コミュニケータ
④㈳中小企業診断協会　住宅産業経営支援研究会　代表幹事

自社の技術で始めよう！
中小・中堅建設業新分野進出マニュアル
―公的支援制度のフル活用法―

2005年8月31日　第1版第1刷発行

編　著……高木　元也
　　　　　工藤南海夫
発行者……松林　久行
発行所……株式会社 大成出版社
　　　　　〒156-0042　東京都世田谷区羽根木1-7-11
　　　　　TEL 03-3321-4131（代）
　　　　　http://www.taisei-shuppan.co.jp/
印　刷……亜細亜印刷

ⓒ2005　高木元也　工藤南海夫
落丁・乱丁はおとりかえいたします。
ISBN4-8028-9196-2